彩绘创意化妆

（第2版）

主编 郭京英

北京理工大学出版社
BEIJING INSTITUTE OF TECHNOLOGY PRESS

版权专有 侵权必究

图书在版编目（CIP）数据

彩绘创意化妆 / 郭京英主编 . -- 2 版 . -- 北京 : 北京理工大学出版社 , 2019.11（2024.8 重印）
ISBN 978 – 7 – 5682 – 7986 – 4

Ⅰ . ①彩⋯ Ⅱ . ①郭⋯ Ⅲ . ①化妆 – 高等职业教育 – 教材 Ⅳ . ① TS974.12

中国版本图书馆 CIP 数据核字（2019）第 271324 号

责任编辑：王俊洁　　文案编辑：王俊洁
责任校对：周瑞红　　责任印制：边心超

出版发行 / 北京理工大学出版社有限责任公司
社　　址 / 北京市丰台区四合庄路 6 号
邮　　编 / 100070
电　　话 /（010）68914026（教材售后服务热线）
（010）68944437（课件资源服务热线）
网　　址 / http：// www. bitpress. com. cn

版 印 次 / 2024 年 8 月第 2 版第 2 次印刷
印　　刷 / 河北佳创奇点彩色印刷有限公司
开　　本 / 787 mm × 1092 mm　1/16
印　　张 / 11.5
字　　数 / 270 千字
定　　价 / 48.00 元

图书出现印装质量问题，请拨打售后服务热线，负责调换

教材建设是国家职业教育改革发展示范学校建设的重要内容，作为第二批国家职业示范学校的北京市劲松职业高中，成立了由职业教育课程专家、教材专家、行业专家、优秀教师和高级编辑组成的五位一体的专业教材建设小组，开发设计了符合美容美发技能人才成长规律，反映行业新理念、新知识、新工艺、新材料的发展改革示范教材。

本套教材采用单元导读、工作目标、知识准备、工作过程、学生实践、知识链接的教材结构，突出了项目引领、工作导向，在知识准备的基础上，熟悉工作过程、练习操作流程，最终通过实践，达到提高学生职业素养和职业能力的目的。

本套书在每一本教材的教材目标设计和选择上，力求对接国家职业资格标准；在每一本教材的教材内容设计和选择上，力求对接典型职业活动；在每一本教材的教材结构设计和选择上，力求对接职业活动逻辑；在每一本教材的教材素材设计和选择上，力求对接职业活动案例。因此，这套教材有利于学生职业素养和职业能力的形成，有利于学生就业和职业生涯的发展。

我国职业教育“做中学”的教材、技术类的专业教材基本定型，服务类的专业教材也正逐步走向成熟，文化艺术类的专业教材正处于摸索阶段。一般技术类的专业教材采用过程导向逻辑结构；服务类的专业教材采用情景导向逻辑结构；文化艺术类的专业教材应采用效果导向的逻辑结构。这套美容美发专业的教材，是一次由知识本位到能力本位转型的新的有益探索，向效果导向逻辑结构迈出了一大步。北京市劲松职业高中美容美发专业拥有十分优秀的师资和深度的校企合作，这是他们能够设计编写出优秀教材的基本条件。

前言

PREFACE

随着社会的发展，化妆行业逐渐趋向于个性化，彩绘化妆以其在商业经济领域具有较高的实用价值和商业价值，而在美容化妆、时尚社交活动、艺术摄影、广告设计、美学教育、影视节目等领域得到了越来越广泛的应用。

彩绘创意化妆运用点、线、面元素以及色彩搭配，通过创造意境、灵感、构思设计，通过高度的艺术概括与夸张完成各种妆形。它结合化妆技巧、美学知识、装饰设计的形式美法则等，综合地诠释了化妆艺术的潜能。

本书参阅了彩绘化妆相关书籍，深入调研了化妆行业的就业需求与发展，总结出学习彩绘化妆设计和操作技能的教学方式。采用项目驱动活动教学法，以典型活动范例，构思、设计与操作完成彩绘创意化妆的全过程。满足有一定化妆基础的各类化妆爱好者对妆形设计的需求。

本书遵循以工作过程为导向的课程理念，将实操训练与岗位需求相结合，并注重培养开发创意设计的思维理念，加强实际操作的过程性训练。既注重教学环节的系统性，也突出知识与技能的有机整合。既注重在职业教育中培养学生的操作能力，也注意培养学生掌握扎实的基础知识，从而使学生具有较强的岗位职业能力及继续学习的能力。

本书既可作为职业学校化妆课程的拓展教材，也可作为化妆爱好者的自学书和参考用书。本书的部分辅助性图片来自百度图库。

由于编者水平、能力、编写经验有限，教材中可能有不足之处，希望各位领导、专家给予指正，我们将努力改进和完善。

编　者

目录

CONTENTS

单元一　线妆妆形设计

项目一　直线妆形设计效果图……3

项目二　直线妆形实操训练……14

项目三　曲线妆形设计效果图……29

项目四　曲线妆形实操训练……41

单元二　点妆妆形设计

项目一　点妆妆形设计效果图……63

项目二　点妆妆形实操训练……76

单元三　图形妆面设计

项目一　花妆妆形设计效果图……91

项目二　花妆妆形实操训练……103

项目三　云妆妆形设计效果图……118

项目四　云妆妆形实操训练……130

项目五　孔雀妆妆形设计效果图……146

项目六　孔雀妆妆形实操训练……161

单元一　线妆妆形设计

内容介绍

“线”是各种妆形设计中最重要的元素，并富有表现力。运用线条的各种变化设计妆面，是彩绘创意化妆设计最为常用的方式之一，它是通过对线条的粗细、长短、虚实、曲直等变化，结合面部结构，完成不同效果、不同主题的妆形设计。

单元目标

本单元内容主要是通过学习线的各种表现方式，完成线妆创意妆形的构思、设计、实训操作的全过程。要求学生通过学习完成以下几个目标：

（1）能够叙述线妆妆形中直线运用于妆面的设计效果。

（2）能够掌握线条曲直、粗细、虚实的表现方法。

（3）能够知道直线、曲线运用的一般表现原则。

（4）通过运用线条表现妆面，学会夸张眼形与眉形。

（5）学会灵活运用线条并能与眼形、眉形组合衔接，提高学生设计妆形的能力。

（6）通过对眼形的修饰与夸张，绘制出线妆妆形的效果图。

（7）能够根据设计的效果图，通过化妆手段完成真人模特的实际操作。

 直线妆形设计效果图

项目导读

直线在妆形设计中能够表达冷酷、率直的妆面风格。不同方向的直线还能表现不同的妆面效果。所以，学习理解直线的基本特性是设计的基础。掌握线的表现方法、技巧是完成妆形设计效果图的重点。

工作目标

（1）能够叙述线妆妆形中直线运用于妆面设计的效果。

（2）能够运用直线、斜线设计妆形，并学会夸张眼形与眉形的方法。

（3）能够设计构思完成直线妆形，并绘制出创意妆形效果图。

一、知识准备

（一）直线妆形的定义

运用相对的直线、斜线，在眼部及面部结构中，完成妆面设计。线条组合的图形既能装饰妆面，又能使眼形、眉形得到夸张和延伸。

（二）直线的特性

直线的应用本身有一种安静、次序、冷峻感，它的方向、斜度又能体现延伸感。直线在妆面运用中可以分为相对直线和绝对直线。

相对直线：看似平直但根据面部的凹凸呈现出略有弧度的线条。

绝对直线：不受任何阻力的影响呈现的线条。

直线的方向不同，所体现的性格就不同。（如表1-1-1所示）

表1-1-1 不同直线方向所体现的性格

直线	垂直线	严格、坚硬、明快、有力、上升感、高大
	水平线	平稳、开阔、静态美
	斜线	倾倒感、动势感、不安定、纵深感

在彩绘创意妆形设计过程中，要想体现出妆形直率、冷酷的妆面风格，需要运用直线夸张眼形、眉形，或组合图形来装饰妆面。从各种表现手法上看，直线的特点最能体现其妆面效果，也容易表达设计主题。

（三）直线妆形设计的基本过程

首先是构思，以眼部位置为中心夸张眼形。其次围绕眼形加强装饰线的布局，根据眼部周边的凹凸结构衬托眼形、妆形的美感。最后将眼影、腮红、口红着色，完成彩绘化妆的效果图。

（四）直线妆形效果图的用具

事先画出面部底稿，复印多份待用，准备彩色铅笔、橡皮、转笔刀。（如图1-1-1所示）

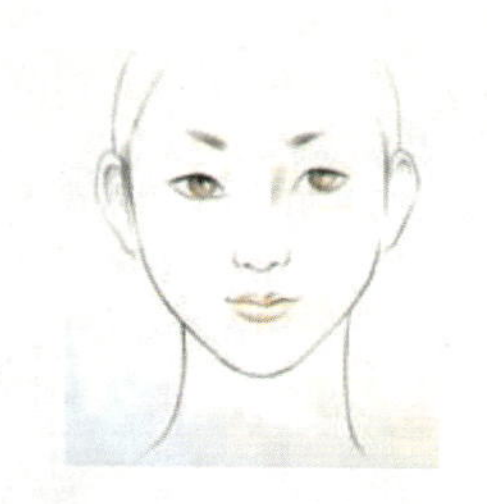

（a）事先画出的面部底稿

（b）彩色铅笔

（c）橡皮

（d）转笔刀

图1-1-1 直线妆形效果图的用具

(五) 直线妆形色彩的应用

根据直线自身的表现力和表情因素，在妆形设计中能体现出妆面造型冷酷、安静、直率等特点，但在色彩应用中，用色也要与之相吻合。因此我们要学习色彩心理学知识。

色彩对人的知觉能造成多种刺激，使人产生不同的心理反应。这就有了暖色与冷色、软色与硬色、前进色与后退色、膨胀色与收缩色、华丽色与朴素色等色彩的不同性格。（如图1–1–2所示）

暖色调：红、橙、黄能使人感觉像阳光一样的温暖、积极、开朗、有活力。妆面中主体色彩是红、橙、黄的颜色，称为暖色调。

(a) 暖色调

冷色调：青、蓝、紫能给人凉爽、忧郁和冷漠的感觉。妆面中主体色彩是青、蓝、紫的颜色，称为冷色调。

(b) 冷色调

图1–1–2　对冷、暖色调的不同心理感知

软色与硬色：色彩的软硬主要体现在色彩的饱和度的高低，鲜艳纯正的色彩感觉生硬，柔和典雅的色彩会柔软些。其次是色彩的冷暖，暖色软，冷色硬。黑白色属硬色，灰色属软色；有光泽的金属色硬，无光泽的朴素色软。

从以上色彩的分析中可以看出，关于冷色、硬色、深色、鲜色的色彩组合适合直线妆形的冷酷、安静、直率等特点。

(六) 直线妆形的设计要求

要想完成一幅好的设计作品，需要从以下五个方面入手：

(1) 在设计中直线妆形能够与眼形结构、眉形结构衔接自然、虚实得当。

(2) 直线对眉眼夸张的效果要流畅、舒展、虚实自然。

(3) 妆面色彩不宜花哨，用色尽量简单、明快，突出直率、冷酷的妆面风格。

(4) 绘制画稿要考虑到面部凹凸结构、面部妆形虚实，做到心里有数。

（5）根据设计画稿的构思要求完成实际操作，呈现出妆面设计效果图。

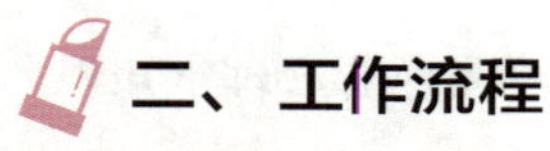

二、工作流程

（一）工作标准（如表1–1–2所示）

表1–1–2 工作标准

内容	标准
准备工作	工作区域干净整齐，工具齐全，码放整齐，仪器设备安装正确，个人卫生仪表符合工作要求
操作步骤	能够独立对照操作标准，使用准确的技法，按照规范的操作步骤完成实际操作
操作时间	在规定时间内完成项目
操作标准	妆面线的应用形式既要统一，又要有小的变化，妆面要有整体感
	直线妆形能够与眼形结构、眉形结构衔接自然、虚实得当
	绘制的画稿画面干净、完整，重点突出，主次分明
整理工作	工作区域干净整洁、无死角，工具仪器消毒到位，收放整齐

（二）关键技能

1. 线条表现的技法（如图1–1–3和图1–1–4所示）

线条两头虚中间实。

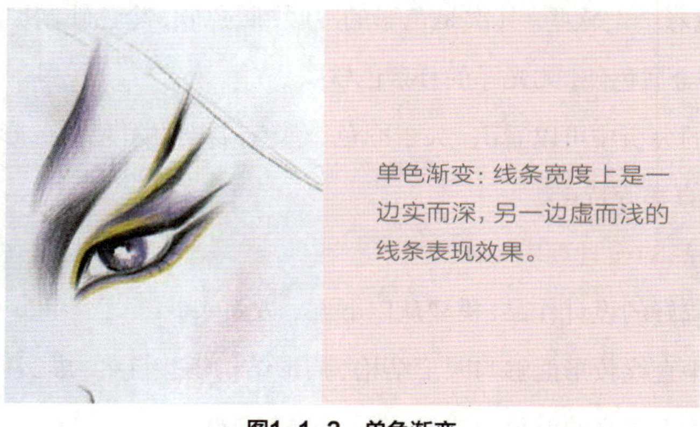

图1–1–3 单色渐变

线条一头细而实，另一头粗而虚，或者相反。

(a)线条细实粗虚两色渐变

(b)线条粗实细虚

图1-1-4　线条表现技法

2. 线条用色技法

单色过渡：一个颜色由深到浅过渡，强调一个单色的深浅变化。

两色过渡：一个颜色画线的一头，另一个颜色画线的另一头，将它们连贯起来，强调两色的渐变效果。

(三) 操作技能

直线妆形效果图绘制步骤如下：

1. 课前欣赏（如图1—1—5所示）

(a)

(b)

(c)

图1-1-5　课前欣赏

课前准备的用具：头像模板、绘画工具（彩色铅笔24色）、转笔刀、橡皮、眼影、腮红。

2. 操作程序（如图1–1–6～图1–1–15所示）

（1）准备面部底稿。

为了设计方便，画出一张面部头像，复印多份。

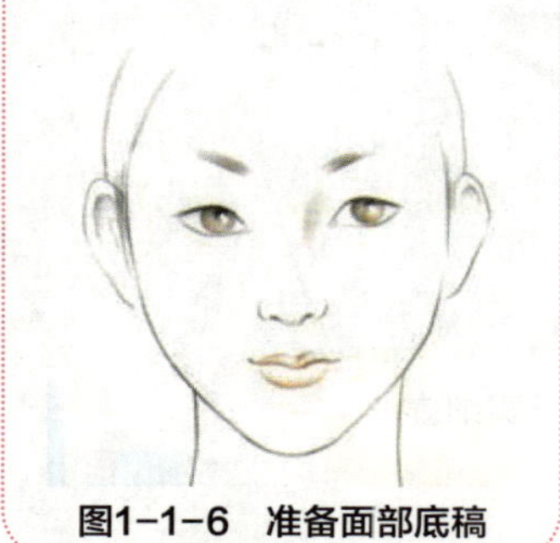

图1–1–6　准备面部底稿

（2）夸张眼形。

上眼线拉长，眼角根部略粗，上提。

下眼线与上眼线平行拉长，内眼角下眼线部位向下延长。

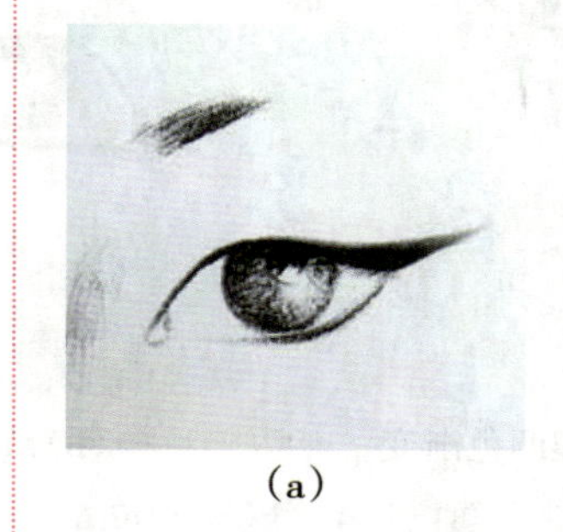

（a）

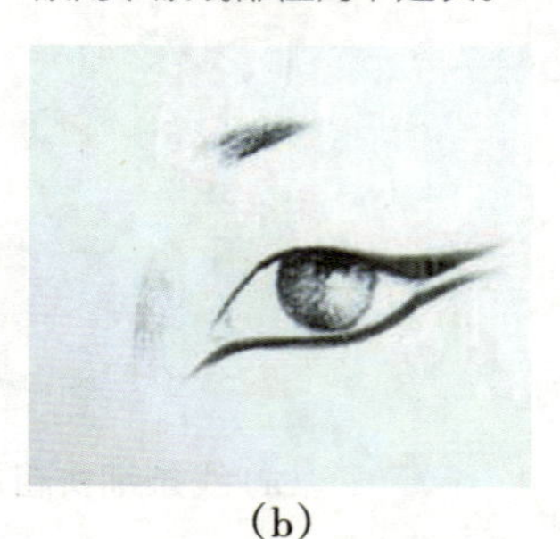

（b）

图1–1–7　夸张眼形

图1–1–8　确定眼妆线条

（3）运用相对的直线、斜线，确定眼妆的线条。

直线绘制到眉头、眉骨及外眼角上部的位置，确定线条的走向。

（4）眼妆色彩的绘画。

使用两色眼影绘出色彩的层次感，使前后眼帘色彩衔接自然。提示：内眼角选择浅色，外眼角选择深色。

处理线条的虚实和颜色深浅的变化。

装饰线与眼影衔接过渡、融为一体。

（a）

（b）

（c）

图1–1–9　眼妆色彩的绘画

（5）眉毛的处理。

由于眉尾部位线条的设计，眉毛不易画得过长，因此只强调眉头部位。眉头下压连贯鼻侧，与内眼窝形成明显的分界线。眉头部位完成后，直接延伸到鼻侧，完成鼻侧影。

图1-1-10　眉毛的处理

（6）完成两眼对称。

在两只眼的眼线、眼角、眉头、眉尾等部位画出对称线。

图1-1-11　完成两眼对称

（7）眼形细节的处理。

两眼的造型与装饰线虚实要相对对称，色彩的渐变、两色的衔接要一致。

图1-1-12　眼形细节的处理

（8）画腮红。

选择腮红的颜色应符合蓝色眼影色的搭配——偏冷的粉红色，可以用彩色铅笔绘画，也可以用腮红刷完成。

图1-1-13　画腮红

（9）画唇色。

选择唇色可以从面部用过的三种色中选取。（眼部用的蓝色、黄色和腮红色）

图1-1-14　画唇色

（10）整理画面。

绘画唇色时可以用深浅不同的色画出唇部的凹凸感。

图1-1-15　整理画面

三、学生实践

活动方式：应用直线设计妆面及夸张眼形，完成直线妆形效果图。

(一) 设计之前要做的事

(1) 理解如何应用直线的特点及方向、笔触、虚实完成妆面设计。

(2) 用具准备齐全，彩色铅笔削好后开始绘制彩绘妆形效果图。

(二) 妆形中应用线条、色彩的注意事项

(1) 妆色：要简单明快，色调要统一，面部不超过三种颜色。尽量以一色为主。

(2) 妆形：在妆面中根据妆形不同可以使用相对的垂直线、斜线、水平线完成直线妆形。但两线条排列尽量不要交叉应用，避免妆面杂乱、不和谐。线条绘画舒展流畅，不要过于生硬，注意深浅变化，虚实自然。

(三) 效果图绘制中容易出现的问题

(1) 线条排列的布局、方向应既要一致，又应有变化，但又不能过于均等死板。线条尽量避免交叉十字线。

(2) 线条要流畅、轻松，不要过于生硬。

(3) 颜色深处要深得到位，浅处要过渡均匀、自然，层次清晰。

我绘制效果图过程中遇到的问题是：______________________________。

我感觉自己设计的优点是：__________________________________。

我的设计感觉不足的是：___________________________________。

四、检测评价

本项目的学习已经完成，根据作品的完成效果，检验所学知识的掌握情况。直线妆形设计效果图检测评价如表1-1-3所示，请在相应的位置画“√”，将理解正确的内容写在相应的位置。

表1-1-3　直线妆形设计效果图检测评价表

评价内容	评价标准			评价等级
	A（优秀）	B（良好）	C（及格）	
准备工作	工作区域干净整齐，工具齐全，码放整齐，仪器设备安装正确，个人卫生仪表符合工作要求	工作区域干净整齐，工具齐全，码放比较整齐，仪器设备安装正确，个人卫生仪表符合工作要求	工作区域比较干净整齐，工具不齐全，码放不够整齐，仪器设备安装正确，个人卫生仪表符合工作要求	A B C
操作步骤	能够独立按照设计原则，使用准确的表现技法完成彩绘效果图的绘制	能够比较独立按照设计原则，使用较准确的表现技法完成彩绘效果图的绘制	能够在老师的帮助下使用较准确的表现技法完成彩绘效果图的绘制	A B C
操作时间	规定时间内完成项目	规定时间内在同伴的协助下完成项目	规定时间内在老师帮助下完成项目	A B C
操作标准	能够将线妆画面中直线绘画得流畅、舒展、虚实自然，体现出直率、利落的效果	能够将线妆画面中直线绘画得比较流畅、有虚实感，体现出比较直率、利落的效果	能够在老师的帮助下使用较准确的表现技法完成彩绘效果图的绘制	A B C
	能够独立将眼形结构、眉形结构衔接自然，绘制的线条相对吻合面部凹凸结构及纹路	能够比较独立地将眼形结构、眉形结构衔接自然，绘制的线条比较吻合面部凹凸结构及纹路	能够在老师的帮助下将眼形、眉形结构衔接自然，绘制的线条没有吻合面部凹凸结构	A B C
	能够按照线妆的风格特点着色，符合妆面三色要求，主次分明	用色能够比较符合线妆的风格特点，基本符合妆面三色要求，比较有主次	在老师的帮助下知道线妆的风格特点，基本了解妆面三色要求，妆面色彩无主次	A B C
	线妆效果图整体层次清晰，色彩搭配协调、自然	线妆效果图整体层次比较清晰，色彩搭配比较协调、自然	线妆效果图整体层次不清晰，色彩搭配生硬不协调	
整理工作	工作区域干净整洁、无死角，工具仪器消毒到位，收放整齐	工作区域干净整洁，工具仪器消毒到位，收放整齐	工作区域较凌乱，工具仪器消毒到位，收放不整齐	A B C
学生反思				

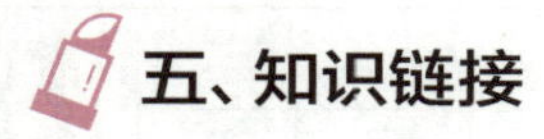

五、知识链接

彩绘的来源与发展

彩绘在中国自古有之，被称为丹青。常用于中国传统建筑上绘制的装饰画。后来传到朝鲜半岛和日本，并被两者广泛运用和发扬光大。通常应用于房屋建筑彩绘、民间工艺彩绘、墙体装饰彩绘、汽车彩绘、人体彩绘等。人体彩绘的雏形是源于土著人身上的图案，我国的国粹——京剧里的人物面谱也可以说是早期的面部绘画杰作之一。

彩绘是一次性的，但做出来的效果又和真正的文身很相似，而且随时都可以去掉，所以也叫作“一次性或‘暂时性’艺术文身”。

彩绘是印度传统神秘而又吉祥的艺术，源于古印度神奇的宗教信仰。大约五千年以前，中东及非洲等地的当地人就将彩绘涂画在身体上，以表达祝福、好运、快乐、幸福等各种寓意。当孩子年满七岁时，便进行为期一个月的斋戒仪式，法师会在其手上绘上图案，以期望孩子一生幸福平安。在北非沙漠，年轻人长大后会在手掌心画上图案以阻挡魔鬼、黑暗和疾病。而现代人体彩绘经时代的升华已成为一种流行的新文化，深在的根源是人们内心某种渴望的释放。它剔除了以衣服和表面饰物为依托的身份、地位、层次的差别，完全从自身的美感出发来表达心意、强调自我，从而迎合潮流、展现个性、实现人性的幻觉之美。 裸体绘画、雕塑、人体彩绘表演，它们和体育界的健美比赛是一样的，都是一种的审美艺术。人体彩绘，是通往心灵深处的列车，给人们的精神情致和现实生活带来全新的风景和感受。

人体彩绘化妆艺术是将化妆、梦幻与人体彩绘融合起来，利用人的整体，包括面部和躯体，展现人类渴求创新、不受束缚的人体造型艺术。其特征是不受人的常规思维所束缚，如同天马行空，纵情驰骋。由于人体是充盈着生命活力的肌体，有着特殊的骨架结构和肌肉组织，完全不同于普通平面的画布，这使得人体彩绘具有了相当的难度；但是反过来，正是因为人体有生机、有情感，能张能弛，有转向、有扭摆，有呼吸、有脉动，又赋予人体彩绘一种无与伦比的生命激情与魅力。人体彩绘化妆不仅包括基本化妆术、绘画知识、构图的选择、色彩的运用、外形轮廓的刻画以及各种材料的运用等技巧，还需要独特的创意和直觉的美感。其表现手法是多种多样的，或抽象或具象，或肌理叠加，或写意泼墨，或自然写实，任何一种创意都值得尝试。选题也可以在人、自然、宇宙、社会、生态的各个领域尽情发挥，表现形式更是不拘，无论传统与叛逆、经典与潮流，均可用于创作。

彩绘化妆是化妆行业中的一个分支，也是人体彩绘发展的通俗化、生活化、时尚化的艺术形式，是整体形象设计的一个组成部分。艺术是形象思维，艺术家是通过对客观事物的想象进行创作。没有形象就没有审美，也就没有艺术。在化妆领域中，如果没有丰富的想象力，那就创造不出韵味独特的彩绘化妆效果。化妆师根据模特的具体条件，构思、化妆，对发型、饰物和道具等特征进行造型，表现出不同的彩绘化妆效果，使人的整体形象更加鲜明突出、光彩照人。

项目二 直线妆形实操训练

项目导读

直线妆形是彩绘创意化妆的一种形式，体现妆形风格的直接感和冷酷感。它通过运用基础化妆的技能，对妆形结构有大胆的夸张，有更高的美感标准。可以运用鲜明和强烈的色彩。

工作目标

（1）能够通过观察模特的结构，分析叙述出妆形效果图的可行性。

（2）能够用两色晕染的技法完成眼影的操作，并能与图形、眉形衔接。

（3）能够学会强调面部轮廓色的修饰。

（4）打腮红的位置正确，颜色与妆色协调，均匀自然。

（5）能够在真人模特面部按效果图内容完成操作。

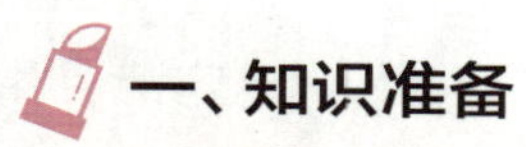

一、知识准备

（一）直线妆形操作与基础化妆的区别

直线妆形是彩绘创意化妆的一种设计方式，是在基础化妆的手法上更强调夸张和创意。在妆形要求上区别很大。因此，虽在化妆技法及程序上没有大的区别，但细节上要求不同，妆形的效果不同。

（二）直线妆形中应用的操作手法

在妆面中直线条或直线组合的图形的实际操作，一般运用三种表现方法，即单色勾勒、晕染、渐变三种方法。运用三种不同方法勾画出的线条能使妆面更加有层次感和表现力。

（三）直线妆形的化妆效果（如图1–2–1所示）

直线妆形的化妆操作效果并不只是运用单纯的线条，而是多方面的。有简单的线条勾勒效果；还有分割、界线及装饰的线条表现效果。

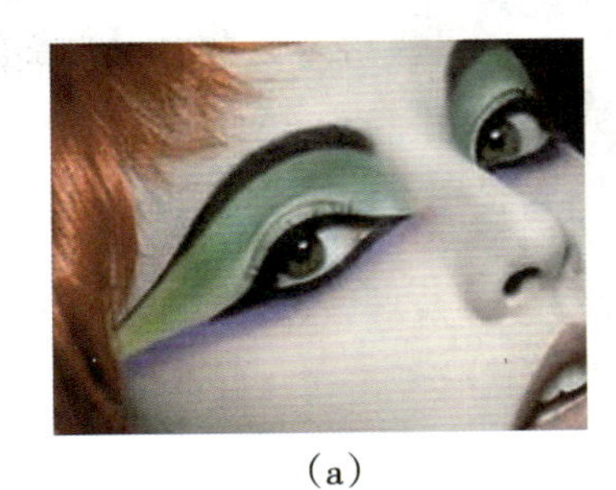
(a)

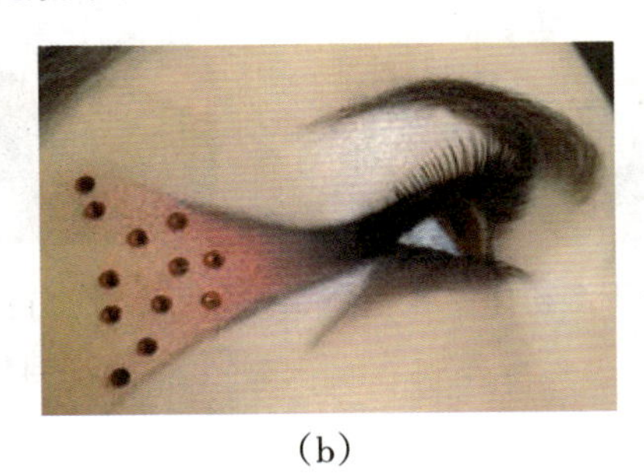
(b)

图1–2–1　直线妆形的化妆效果

（四）直线妆形的操作用具

直线妆形的用具包括：专业化妆用具和彩绘化妆用具。

1. 专业化妆用具（如图1–2–2所示）

一般需要准备：修眉工具、粉底霜或粉底液、化妆套刷、白色和黑色眼线笔、眼线膏与眉笔、眼影板、腮红、干湿粉扑、假睫毛与睫毛胶、睫毛夹、唇彩等。

卸妆用品：卸妆水、卸妆油、洗面奶、卸妆棉。

(a) 修眉工具

(b) 化妆刷

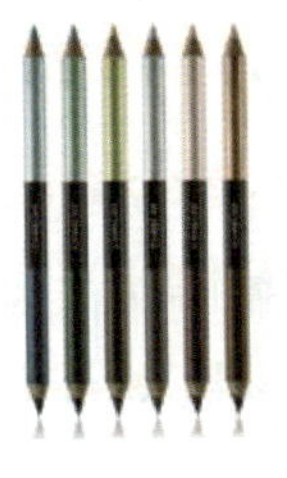
(c) 眼线笔

(d) 眼线膏

图1–2–2　专业化妆用具

(e)粉底液、粉底霜

(f)腮红

(g)定妆粉

(h)各色眼影

(i)干湿粉扑

(j)口红

(k)假睫毛与睫毛胶

图1-2-2 专业化妆用具(续)

2. 彩绘化妆用具(如图1-2-3所示)

彩绘化妆的用具可以使用专业的化妆用具，另外再备几支由小到大的彩绘勾线笔、油彩颜料、装饰宝石与亮粉、卸装棉与面巾纸等。

(a)彩绘勾线笔

(b)油彩颜料

(c)装饰宝石与亮粉

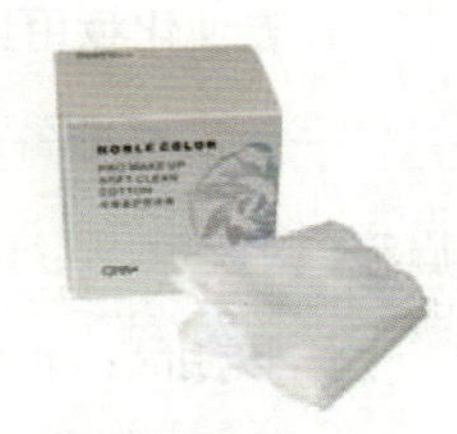

(d)卸妆棉与面巾纸

图1-2-3 彩绘化妆用具

(五)直线妆形操作效果对模特的要求

模特肤色深浅会直接影响妆面的用色，肤色较黑的用色可以偏重于暖色，体现出饱满、充实的妆面风格。肤色较浅的可以运用各种色调的色彩打造多样的妆面效果。还可以根据模特的气质设计妆形妆色。因此，妆面色彩的应用因人而异。但只要在操作中选择合适的粉底色，扑打均匀，用色干净，妆面也会呈现好的效果。

（六）直线妆形操作的基本要求

（1）按照操作顺序完成每一个步骤。

（2）化妆笔刷要随时清洗，保证使用时妆色的干净。

（3）绘制直线妆形中的层次线要事先想好位置，再轻轻点出具体部位，线的长度不要一步画到位，留出修改和晕色的余地。

（4）用眼影笔勾画妆面线时，要用小号笔刷晕开，将层次线勾画整齐。

（5）画眉头用眉笔，也可以使用眉粉或眼影，以便更改颜色。可以根据妆面的整体色调完成眉毛的颜色。

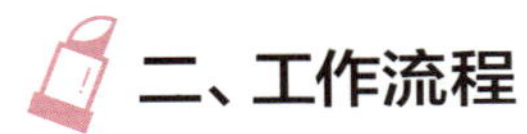

二、工作流程

（一）工作标准（如表1-2-1所示）

表1-2-1　工作标准

内　容	标　准
准备工作	工作区域干净整齐，工具齐全，码放整齐，仪器设备安装正确，个人卫生仪表符合工作要求
操作步骤	能够独立对照操作标准，使用准确的技法，按照规范的操作步骤完成绘制效果图的操作
操作时间	在规定时间内完成项目
操作标准	妆面线的应用形式既要统一，又要有小的变化，妆面要有整体感
	直线妆形能够与眼形结构、眉形结构衔接自然、虚实得当
	绘制的画稿画面干净、完整，重点突出，主次分明
整理工作	工作区域干净整洁、无死角，工具仪器消毒到位，收放整齐

（二）关键技能（如图1-2-4～图1-2-6所示）

直线妆形中线的操作技法。

（1）妆面勾线。

根据设计好的线条颜色，用勾线笔蘸油彩或用蓝色眼线笔直接在面部设计好的部位画出线条，运笔不要太快，线条不要画得太长，确定好位置即可。

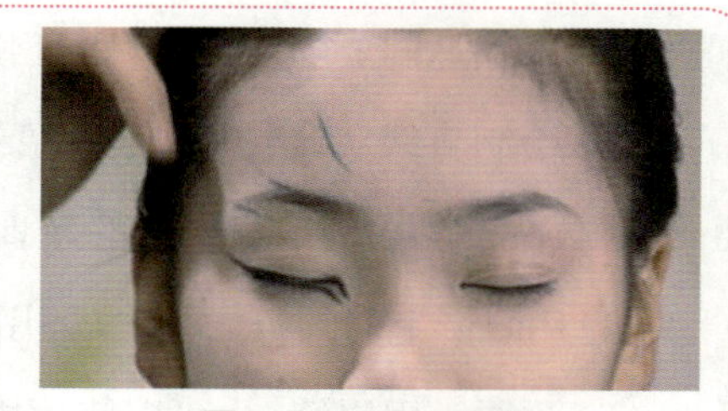

图1-2-4 妆面勾线

（2）线中着色。

①按照线的位置用蓝色笔将线中间描粗。

②然后用眼影笔沿着线的方向在两边晕开，线的两端画虚一些，直到自然消失。

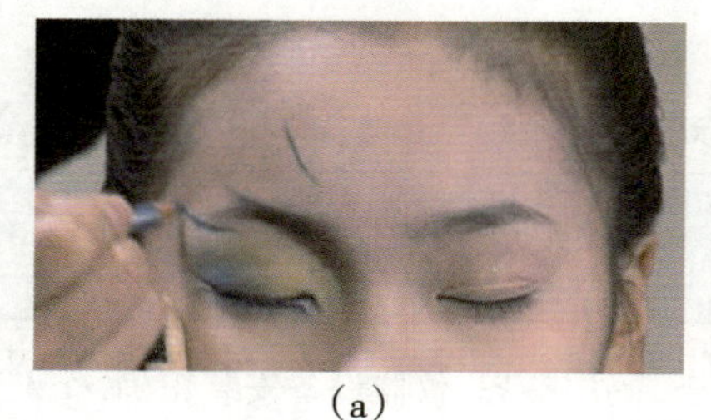

(a)

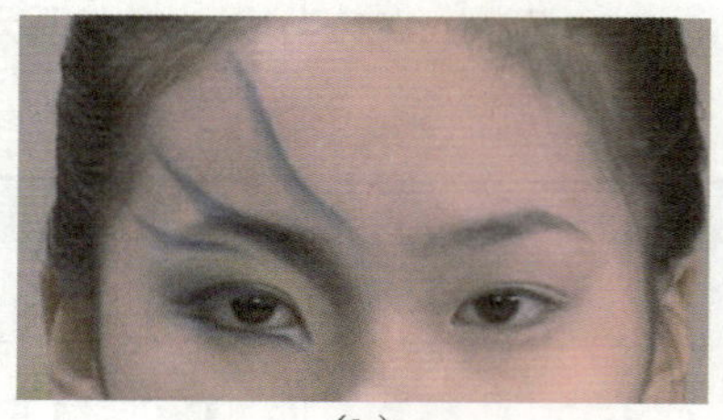

(b)

图1-2-5 线中着色

（3）提亮。

将线的一面晕色完成后，用眼影笔蘸白色眼影粉在线的另一面涂亮，使线条的层次更加清晰自然。

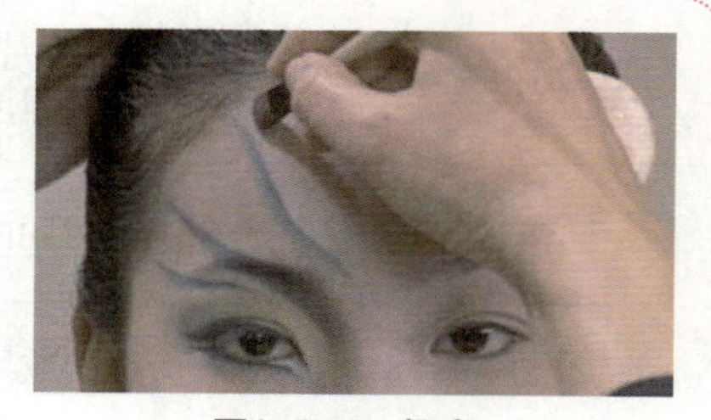

图1-2-6 提亮

（三）操作流程

1. 化妆用品的准备

化妆用品：修眉刀、粉底液和粉底霜、珠光眼影板、眼线膏、勾线笔、睫毛夹、假睫毛、睫毛膏、口红或唇彩、定妆粉、干湿粉扑、腮红、眉笔、油彩颜料、油彩笔。

卸妆用品：卸妆油、洗面奶、卸妆棉、面巾纸。

模特准备：将头发向后梳理，用卡子卡好。

2. 化妆操作程序（如图1–2–7～图1–2–22所示）

化妆操作程序如下：

（1）修眉形。

①用修眉刀从眉头部位向下修整齐。

②再从眉峰至眉尾处把眉上端的散眉修干净。

③然后将眉峰下端至眉头和眉梢修顺畅。

④为使妆面干净，适合直线妆形，眉毛可以修得细一些，整齐干净才能达到效果。

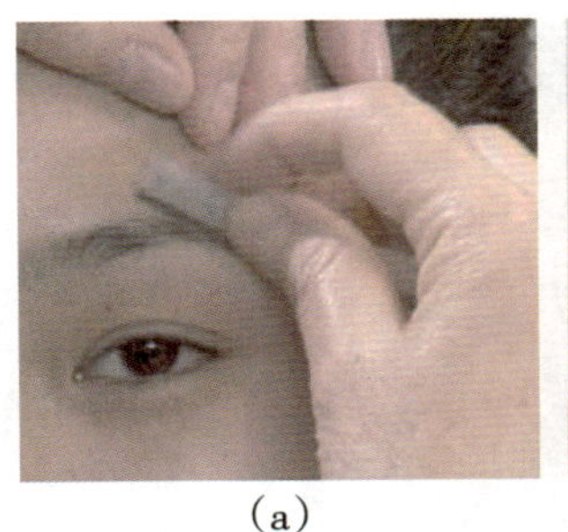
(a)

(b)

图1–2–7　修眉形

（2）打底粉。

①根据模特的肤色选择适合颜色的粉底霜。

②先用接近肤色的粉底霜打第一层，注意眼窝、鼻翼窝部位要打到位。妆面各个部位粉底的薄厚要均匀。

③再用白色修正膏将额头、鼻梁、眼睛至鼻翼的三角区及下巴颏部位提亮打均匀。使面部加强立体感。

④最后用咖啡色修正膏将脸颊打出轮廓色，注意要与其他部位的粉底色衔接自然。

(a)

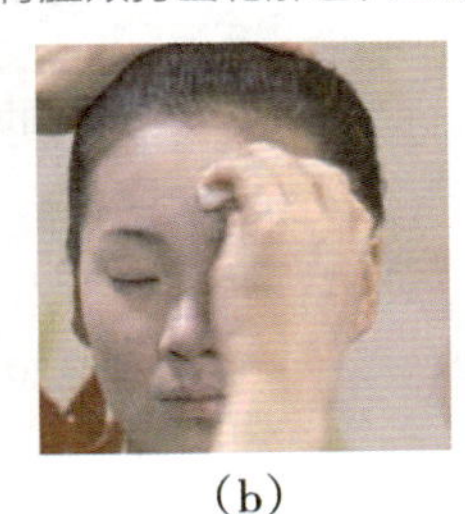
(b)

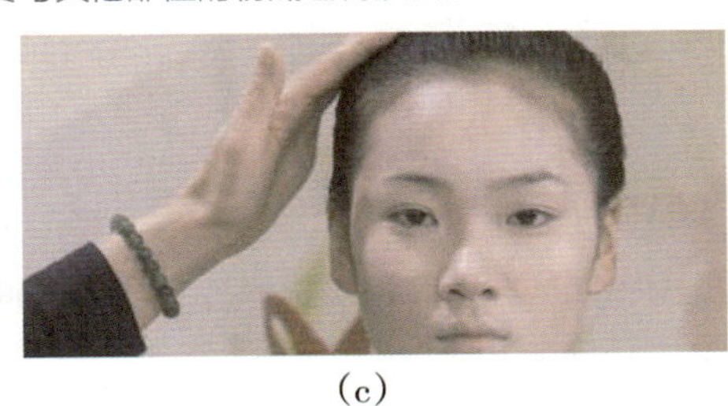
(c)

图1–2–8　打底粉

（3）定妆。

①使用适合面部肤色的定妆粉，将各个部位按压定实。

②再用咖啡色双修粉完成脸部轮廓定妆的操作。

(a)

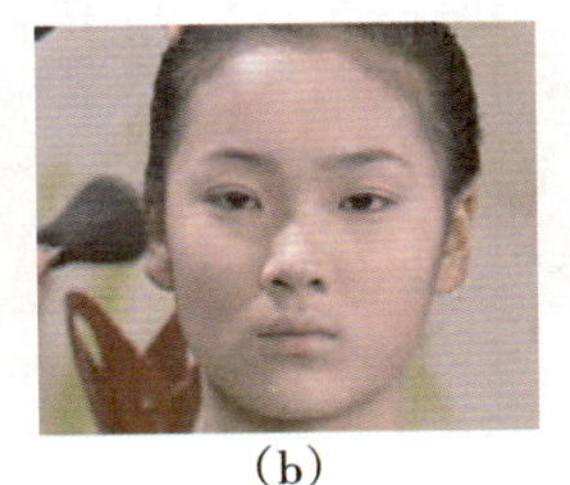
(b)

(c)

图1–2–9　定妆

（4）画眼线。

①上眼线：从外眼角根部画，略微向上拉长，再连接至内眼角，内眼角眼线略细，内眼角向下延长画出眼角。

②下眼线：从外眼角开始向内眼角画，距内眼角眼长的三分之一处再向下画，内眼角上下眼线不要连接上。

提示：在画上眼线的过程中，可以让模特睁开眼，检查眼线画得是否到位，并及时做出修正。

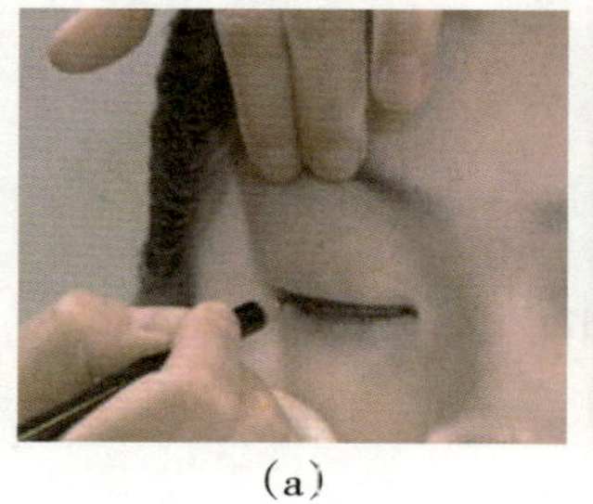
（a）

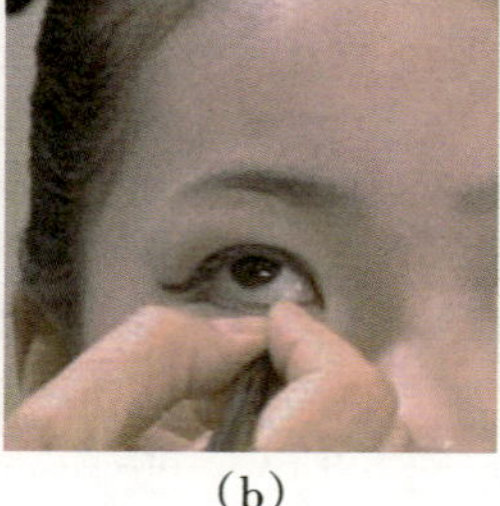
（b）

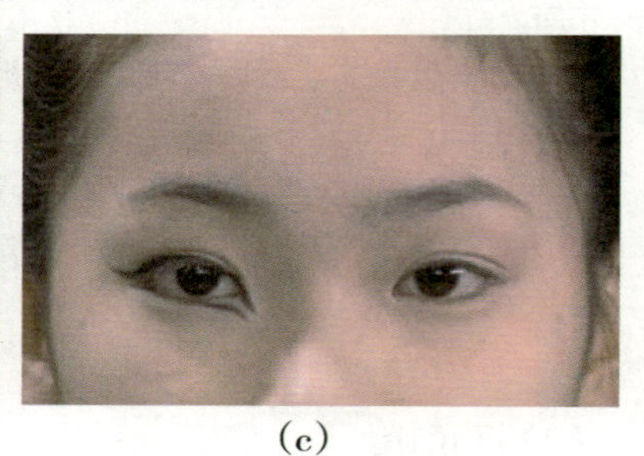
（c）

图1-2-10 画眼线

（5）确定直线妆形结构线的位置。

用相应颜色的眼线笔或勾线笔蘸油彩，以眉毛中点位置为起点，画出一条斜线，在眉毛上下各画一条斜线，线条要画浅一些。

提示：线条之间不要画得过于平行，要疏密有致。

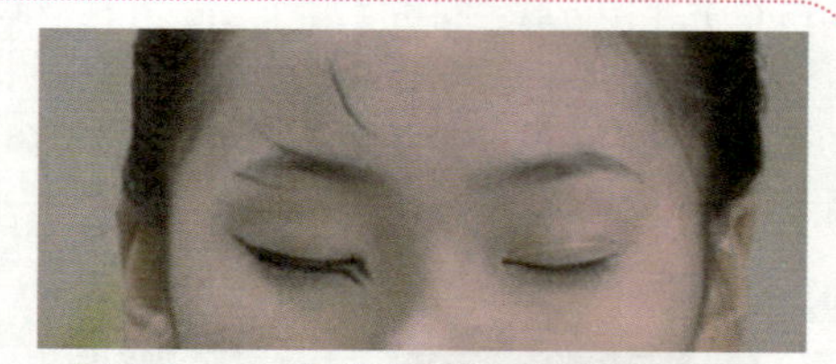
图1-2-11 确定直线妆形结构线的位置

（6）画眼影。

①蓝色眼影：用中号眼影刷蘸深蓝色眼影从外眼角眼根部位开始向眼球中间晕染。用浅蓝色眼影衔接眉骨位置。

②黄色眼影：用中号眼影刷蘸黄色眼影从内眼角向眼球中部晕染，上至眉骨，与蓝色眼影衔接好。

小提示：眼影的轮廓符合眼窝结构。

③下眼线部位用小号眼影刷蘸蓝色眼影横向淡淡地晕开。外眼角部位水平拉长，不与上眼线链接。

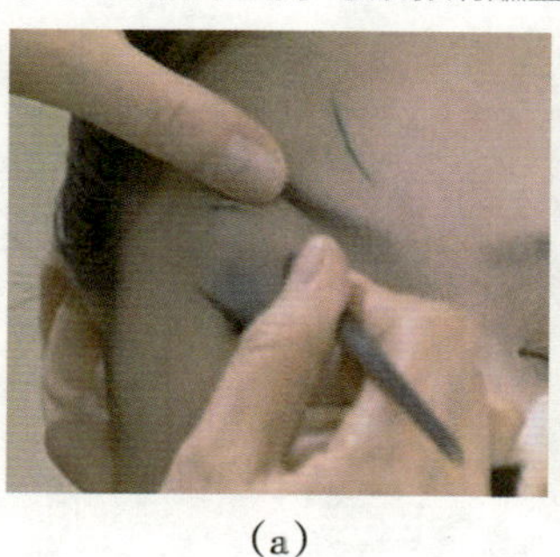
（a）

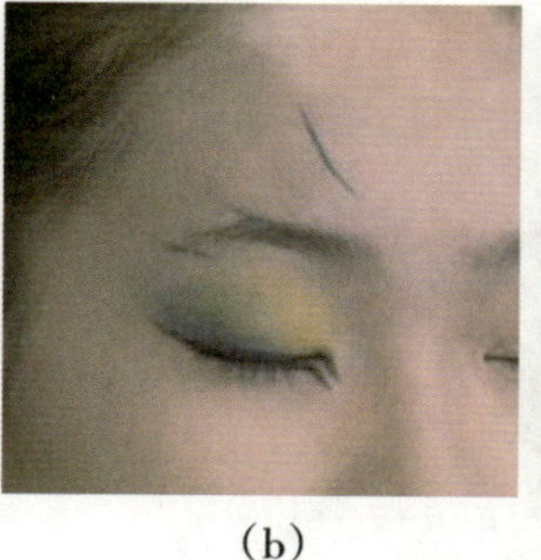
（b）

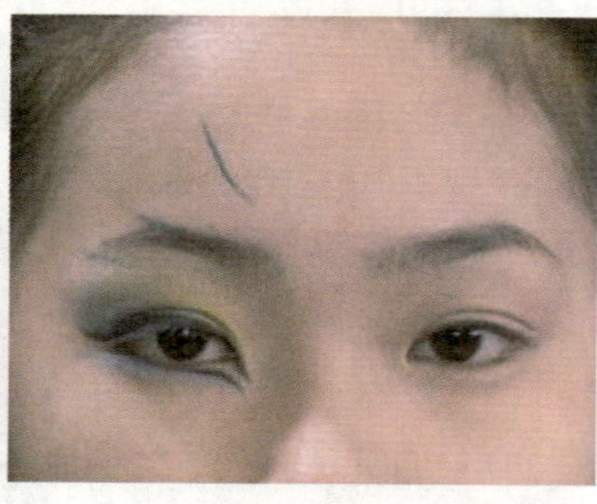
（c）

图1-2-12 画眼影

(7) 内外眼角填白提亮。

为了增强眼妆的层次效果，用白色眼线笔将内外眼角空隙处填上白色。

提示：也可以用白色油彩填色。

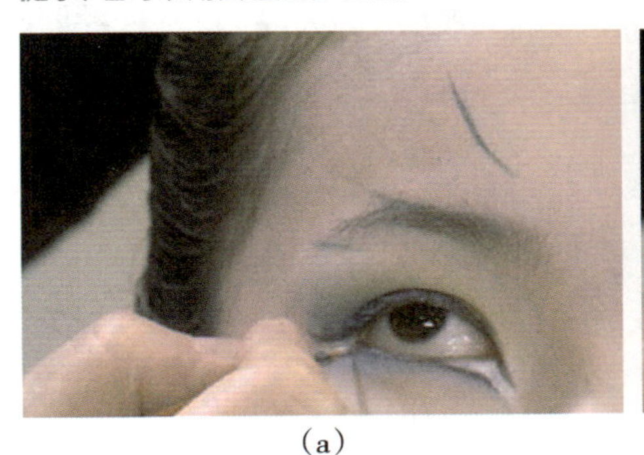

(a)

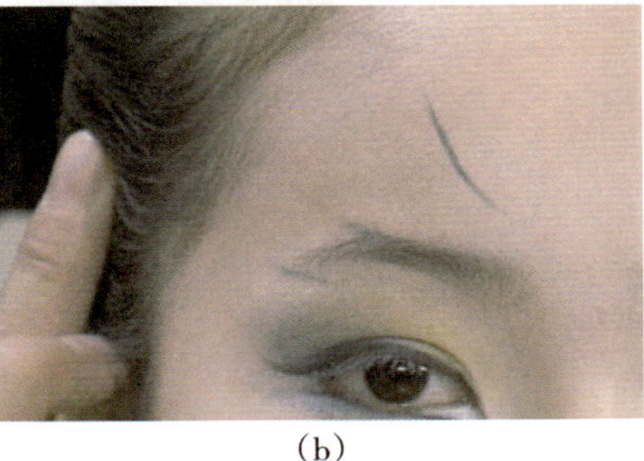

(b)

图1-2-13　内外眼角填白提亮

(8) 眉头与鼻侧的衔接。

①用褐色眉笔将眉头下压连贯鼻侧，与内眼窝形成明显的结构分界线。

②眉头颜色选择较冷的褐色和灰蓝色，用小号眼影刷将眉头从眼窝开始向鼻梁方向晕染，再用橄榄色眼影沿着鼻侧向下接染。

提示：由于眉尾部位有线条的设计，眉毛不易画得过长，因此重点强调眉头造型。突出眉头鼻侧中的立体效果。注意要将眉头和鼻侧衔接自然。

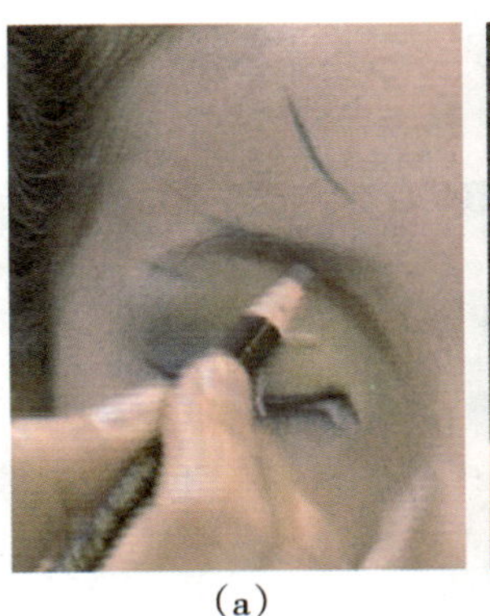

(a)

(b)

图1-2-14　眉头与鼻侧的衔接

(9) 晕染妆面直线。

①从眉头部位向眉峰部位晕染，使线条衔接连贯。

②用蓝色眼线笔强调线中段的粗度。然后用小号眼影刷蘸少量蓝色眼影粉将线中段晕开。再完成线条两端的晕染，使其颜色变淡消失。

③用小号眼影刷蘸白色眼影粉，在线条的另一侧涂抹，使线条层次更加清晰。

(a)

(b)

图1-2-15　晕染妆面直线

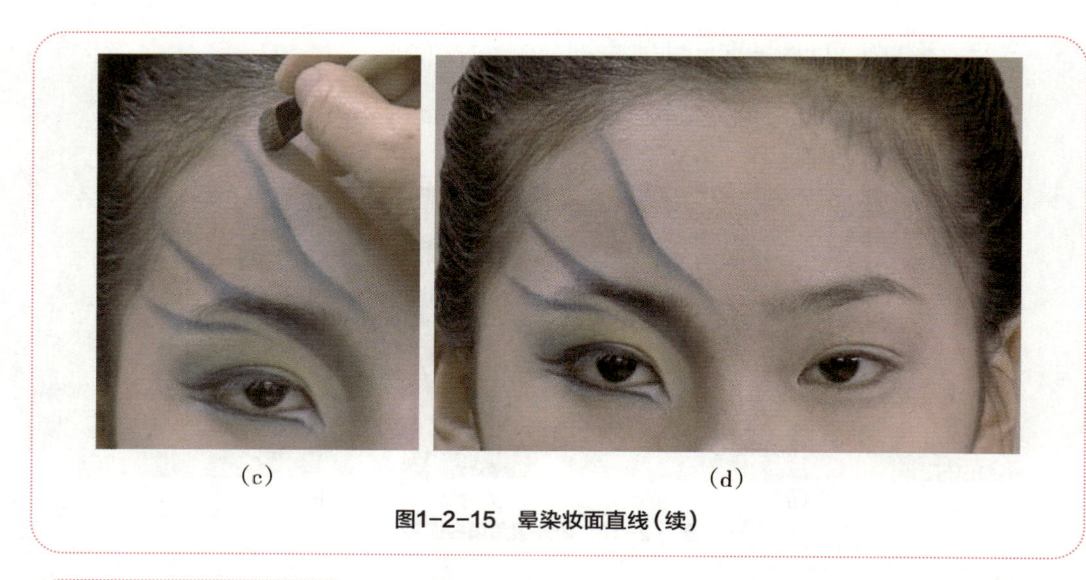
（c）　（d）

图1-2-15　晕染妆面直线（续）

（10）打腮红。

①腮红部位可以打得浓些，颜色可选择适合妆面色彩的桃红色。

②腮红要打在颧骨外缘位置，既强调妆面色彩，又加强面部结构感。

（a）

（b）

图1-2-16　打腮红

（11）粘假睫毛。

①先将模特的睫毛用睫毛夹夹一下，使真睫毛略向上翻一些。

②在假睫毛根部涂上睫毛胶，停留10秒后，粘在上眼线眼根部位。压住停留一会儿，待胶干即可。

③用睫毛刷将真假睫毛一起刷上睫毛膏，将真假睫毛重合在一起。

提示：粘睫毛后，可请模特睁眼，检查粘贴位置是否合适，并及时作出调整。

(a)　(b)　(c)

图1-2-17　粘假睫毛

（12）画下眼睫毛。

用眼线笔或勾线笔蘸油彩或眼线膏从下眼睫毛眼角根部开始斜向外画，中间部位的下眼睫毛垂直向下画，内眼角部位与外眼角部位斜向内画。

提示：妆面中上眼线及睫毛比较夸张，下眼线会感觉比较空。可以用粘假睫毛或画睫毛的两种方法。睫毛梢部画细、画虚。

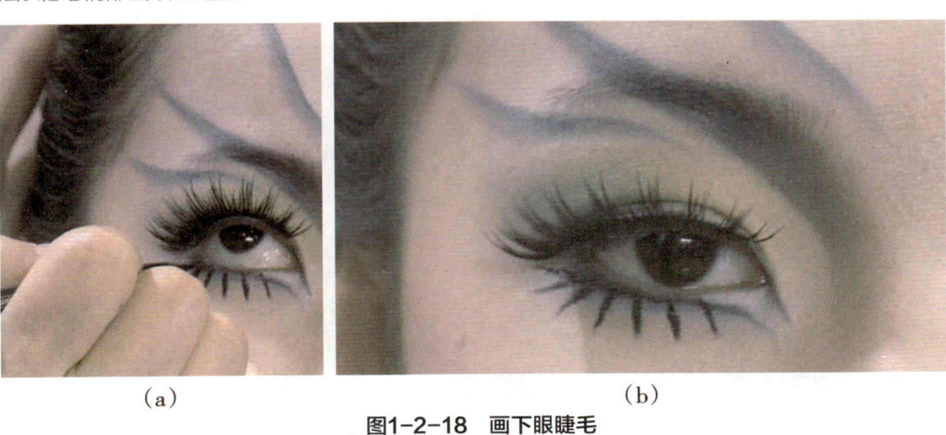
(a)　(b)

图1-2-18　画下眼睫毛

（13）完成两眼妆形对称。

用同样的方法将眼妆的另一半妆形画完。

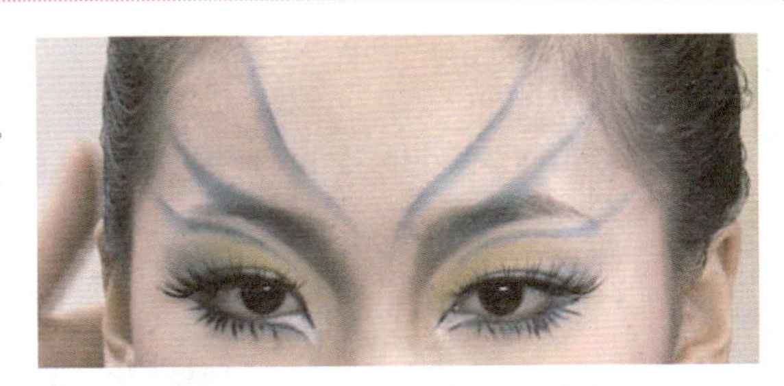

图1-2-19　完成两眼妆形对称

(14) 画唇色。

①先用唇线笔勾出唇形。

②用相协调的口红色或唇彩涂在唇上，注意边缘整齐。

(a)

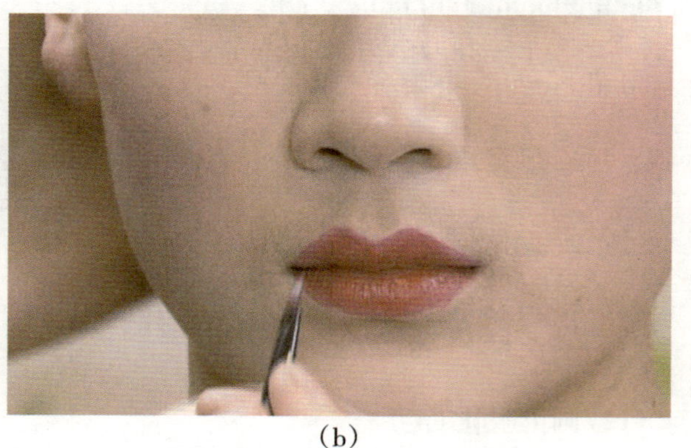
(b)

图1-2-20 画唇色

(15) 提亮。

选择金黄色的装饰亮粉用小号笔刷涂在黄色眼影上及唇部中间的位置，可增强妆面的靓丽感。

(a)

(b)

图1-2-21 提亮

(16) 整理妆面。

最后，观察妆面，对妆形与妆色不到位的地方，进行补妆。

图1-2-22 整理妆面

3. 卸妆操作程序（如表1-2-2所示）

卸妆工具：卸妆水、卸妆油、洗面奶、卸妆棉、面巾纸等。

表1-2-2　卸妆操作程序

操作流程	操作说明要求
1. 卸油彩	用卸妆棉蘸些卸妆油在面部有油彩的地方擦抹后，再用纸巾将妆色擦干净
2. 卸眼影、眼线、眉毛部位	用卸妆棉蘸卸妆水擦拭眼部妆色。其他部位妆色也用卸妆水擦拭
3. 卸面部粉底	用手指蘸洗面奶在面部清理，直至将全部底妆清理干净为止
4. 擦爽肤水及面霜	卸妆后用爽肤水将面部拍打均匀，再擦面霜

三、学生实践

活动方式：直线妆形实操训练——按照绘制的直线妆形效果图，完成实际操作真人模特的化妆。

（一）操作之前要做的事

（1）分组：两人一组，其中一人准备用具，另一人清洗面部、擦护肤用品。

（2）化妆品排放整齐。设计效果图贴在镜子上。

（3）修眉：重点将眉毛尾部修理整齐。

（4）观察模特的面部结构，分析是否适合所设计的妆形操作。若难度较大，可以对妆形设计稍加修整。

（5）观察模特的肤色，分析所适合的妆面色调。

（二）操作中会出现的问题

（1）眼影操作中颜色相互衔接不均匀。

（2）画眼线时线条不流畅、不均匀。

（3）直线在妆面装饰的位置及组合容易生硬、死板。

（4）眉头与鼻侧影衔接虚实不得当。

（5）内外眼角的眼线不容易处理好。

(三)操作中要注意的问题

(1)画眼线时一定要将眼线笔削尖,或者用最小号的彩绘勾线笔画。

(2)直线妆形中的眉毛设计一般不是常见的标准眉形,所以将设计的重点放在眉头位置,并强调眉头眼窝部位的结构,与眼窝、鼻梁自然衔接,并确定出结构分界线。因此,完成眉头操作与鼻侧影的晕色很重要。

(3)打腮红或轮廓色的浓淡和位置要根据脸形及妆形的要求完成。

(4)观察模特的面部结构,分析是否适合所设计的妆形操作。若难度较大,可以对妆形设计稍加修整。

(5)观察模特的肤色,分析所适合的妆面色调。

我在操作中遇到的问题是:________________________________。

我感觉自己画的妆形优点是:________________________________。

我感觉自己画的妆形不足是:________________________________。

(四)检测评价(如表1-2-3所示)

本项目的学习已经完成,根据作品的完成效果,检验所学知识的掌握情况。直线妆形实操训练检测评价表如表1-2-3所示。请在相应的位置画“√”,将理解正确的内容写在相应的位置。

表1-2-3 直线妆形实操训练检测评价表

操作流程	评价标准			评价等级
	A(优秀)	B(良好)	C(及格)	
准备工作	工作区域干净整齐,工具齐全,码放整齐,仪器设备安装正确,个人卫生仪表符合工作要求	工作区域干净整齐,工具齐全,码放比较整齐,仪器设备安装正确,个人卫生仪表符合工作要求	工作区域比较干净整齐,工具不齐全,码放不够整齐,仪器设备 安装正确,个人卫生仪表符合工作要求	A B C
操作步骤	能够独立对照操作标准,使用准确的技法,按照规范的操作步骤完成实际操作	能够在同伴的协助下对照操作标准,使用比较准确的技法,按照比较规范的操作步骤完成实际操作	能够在老师的指导帮助下,对照操作标准,使用比较准确的技法,按照比较规范的操作步骤完成实际操作	A B C

续表

操作流程	评价标准			评价等级
	A(优秀)	B(良好)	C(及格)	
操作时间	规定时间内完成项目	规定时间内在同伴的协助下完成项目	规定时间内在老师的帮助下完成项目	A B C
操作标准	能够将妆面中直线完成得流畅、舒展、虚实自然，体现出直率、利落的效果	能够将妆面中直线完成得比较流畅、有虚实感，体现出比较直率、利落的效果	能够在老师的帮助下将妆面中直线完成得比较流畅、有虚实感	A B C
	能够独立将眼形结构、眉形结构衔接自然，线条相对吻合面部凹凸结构及纹路	能够比较独立地将眼形结构、眉形结构衔接自然，线条比较吻合面部凹凸结构及纹路	能够在老师的帮助下将眼形、眉形结构衔接自然，线条没有吻合面部凹凸结构	A B C
	能够按照直线妆的风格特点着色，符合妆面三色要求，主次分明	用色能够比较符合直线妆的风格特点，基本符合妆面三色要求，比较有主次	在老师的帮助下知道直线妆的风格特点，基本了解妆面三色要求，妆面色彩无主次	A B C
	实操妆面整体层次清晰，色彩搭配协调、自然	实操妆面整体层次比较清晰，色彩搭配比较协调、自然	实操妆面整体层次不清晰，色彩搭配生硬、不协调	A B C
	妆面效果符合设计意图	妆面效果比较符合设计意图	妆面效果不太符合设计意图	A B C
整理工作	工作区域干净整洁、无死角，工具仪器消毒到位，收放整齐	工作区域干净整洁，工具仪器消毒到位，收放整齐	工作区域较凌乱，工具仪器消毒到位，收放不整齐	A B C
学生反思				

四、知识链接

艺术设计中美的形式法则

评价一个设计作品的美感或丑感时，抛开它的内容，单从它的形式去分析研究，我们可以发现一种大多数相通的共识，这种共识的依据，就是客观存在的美的形式法则。例如大家经常在口头上讲的“和谐”“对比”“对称”“平衡”“比例”“重心”“节奏”“韵律”，等等。

（一）和谐

世界上万事万物，形态万千，但它们都各按照一定规律而存在，大到宏观世界、日月运行、星球活动，小到微观世界、原子结构的组合和运动，都有自己的规律，和谐地组成有机的整体。爱因斯坦指出，宇宙本身就是和谐的。

和谐也称调和。和谐的广义解释是：判断两种以上的因素，或部分与部分的相互关系的美的价值时，各部分所显示的内容，给我们意识上的感觉是统一的，而不是相互排斥、互不容忍的。具有整体协调感的视觉效果，就是“和谐”。

和谐的狭义解释是：统一和对比两者之间不是乏味枯燥的单调，也不是杂乱无章的破调。和谐是几种要素具有基本的共通性和融合性的表现。和谐的组合也保持着部分的差异性。当这些差异性表现为强烈和显著时，就成为对比。对比与和谐是矛盾统一的两个方面。反映为两种美感风味的意识形式，相互辉映。

（二）对比

对比又称对照。把质或量方面反差甚大的两个要素成功地配列在一起，令人感受到鲜明强烈的感触而具有统一感的现象，称为对比。对比能使主题更鲜明，作品更活跃。单一的形式要素不能形成对比，但可以通过色调、明暗、冷暖、形状大小、粗细、长短、方圆、方向的垂直、水平、倾斜、数量多少、距离远近、疏密等多方面的因素，强调双方特性的关系，从而形成对比。

对比的手法在装饰艺术中具有强大的实用效果。无论是做海报、橱窗、展示设计，还是做服装服饰、影视、化妆等，都需要学习对比效果的视觉经验及相关知识。

项目三　曲线妆形设计效果图

项目导读

曲线在妆形设计中能够表达优美、婉转的妆容妆貌，体现出女性的柔美特性。曲线的曲度、虚实不同也会使妆面产生异样的效果。因此，学习理解曲线的基本特性并掌握各种曲线的表现方法、技巧是完成曲线妆形设计效果图的重点。

工作目标

(1) 知道曲线妆形的曲度符合面部凹凸结构。

(2) 能够掌握曲线的曲度、粗细、虚实的表现方法。

(3) 学会运用曲线的延伸、迂回充实妆面，夸张眼形与眉形。

(4) 学会控制妆形、妆面的整体感和统一感。

一、知识准备

(一) 曲线妆形的概念

曲线组合的图形所形成的画面会产生各种不同的美感。将这种组合方式运用到妆形设计中，通过眼形、眉形的夸张、延伸、装饰等化妆设计手段，使妆面更加有活力。

（二）曲线的种类和作用

曲线的曲度组合的图形本身有一种圆滑、婉转、柔情、漂浮、随意等感觉。在彩绘创意妆形设计的过程中，要想使妆形体现出女性独有的柔美、妩媚及妖艳的妆面风格，曲线组合应用是不可忽视的。因此，运用曲线，学会夸张眼形、眉形或点缀图形，最容易达到这样的构思效果。

不同形状的曲线有不同的美感，曲线的种类可分为几何曲线、自由曲线、徒手曲线三部分。不同的曲度呈现不同的效果。

1. 几何曲线（如图1–3–1所示）

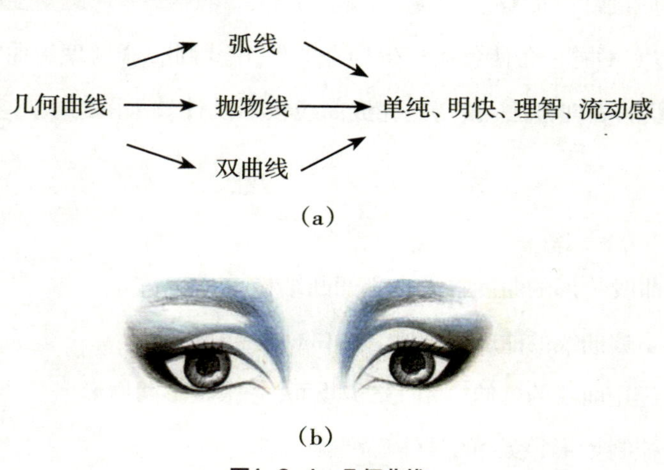

图1–3–1　几何曲线

这种线条简单流畅，曲度像抛物线般。

2. 自由曲线（如图1–3–2所示）

图1–3–2　自由曲线

画面中线条曲度随意婉转、轻松自如，体现温和、柔软、丰满、优雅、自然美。

3. 徒手曲线（如图1–3–3所示）

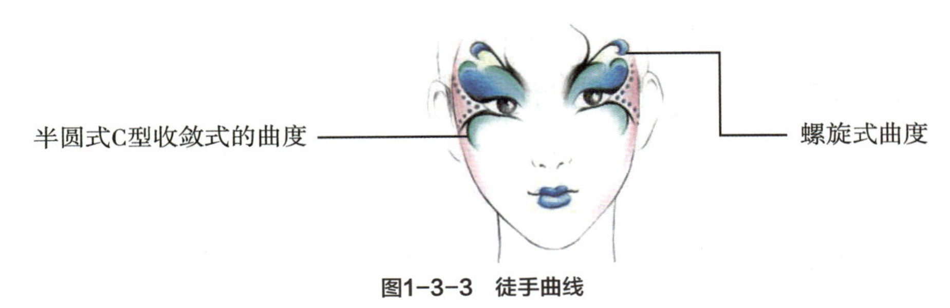

图1–3–3　徒手曲线

波浪式行进、螺旋式旋转、蛇形蠕动、激浪式汹涌、半圆式C型收敛。造型能力极强，可以随意适应面部的位置、凹凸等条件。

（三）曲线妆形的设计过程

首先是构思眼部造型。以眼部位置为中心，夸张眼形并延伸。其次围绕眼形加强装饰线的布局。根据眼部周边的凹凸结构衬托眼形、眉形的美感。再将眼影、腮红、口红着色，也可以在唇部色彩设计上与眼部略加呼应。最后完成彩绘化妆的效果图。

（四）绘制曲线妆形的用具（如图1–3–4所示）

事先画出面部图稿，复印多份待用，准备简单的曲线图形资料、彩色铅笔、橡皮、转笔刀等。

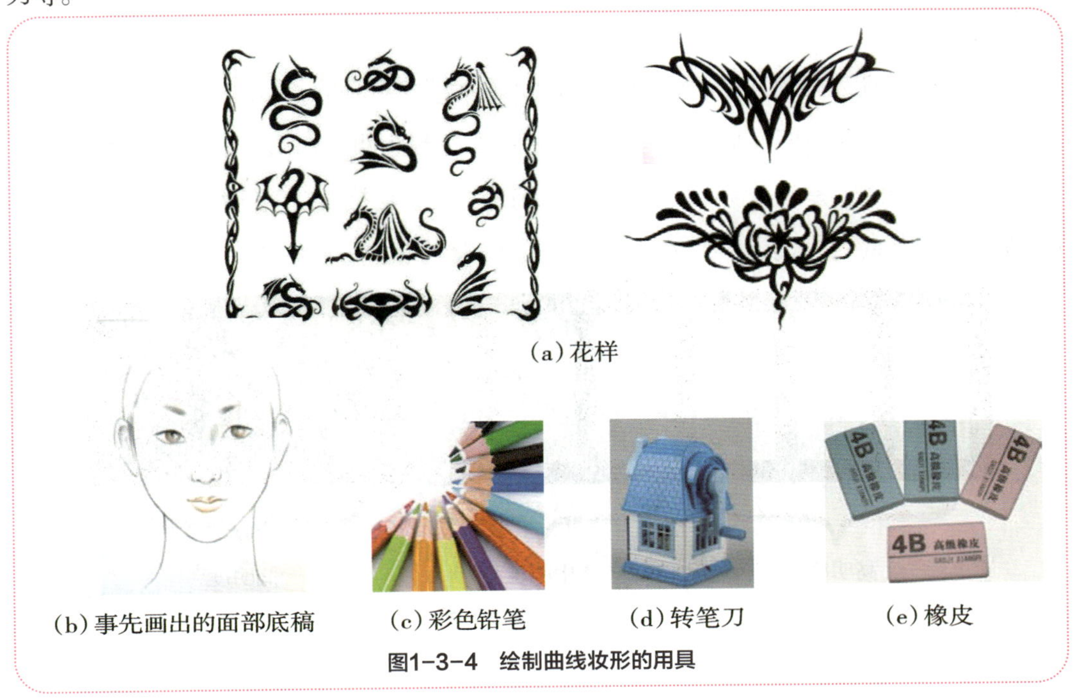

图1–3–4　绘制曲线妆形的用具

（五）曲线妆形设计的配色知识

在选择曲线妆面的色调时，没有严格的界限与要求。以自己的作品所表现的主题思想为依据去选择相互协调的色调。因此，我们需要理解色彩的基本属性及色调的概念。

首先，色彩分为有彩色和无彩色两大色系。任何有色彩倾向的颜色称为有彩色系。如赤、橙、黄、绿、青、蓝、紫。反之，黑、白、灰为无彩色系。

1. 色彩的基本属性

色彩有三大基本属性：色相、明度、纯度。

（1）色相：色相指色彩的相貌名称。色彩中红、橙、黄、绿、青、蓝、紫的光谱色为基本色相。基本色相的顺序是以色环的形式体现的，所以又称为色相环。（如图1–3–5所示）

图1–3–5 色相环

（2）明度：明度指色彩的明暗程度。明度也称为光度、亮度、深浅度。在无彩色系中，白色明度为最高，黑色明度最低。在有彩色系中，黄色最为明亮，紫色最暗。黄色和紫色在有彩色的色相环中，是划分明暗的中轴线。任何一个有彩色掺入白色，明度会提高；掺入黑色，明度则会降低。掺入灰色时，依灰色的明暗程度体现相应的明度色。（如图1–3–6所示）

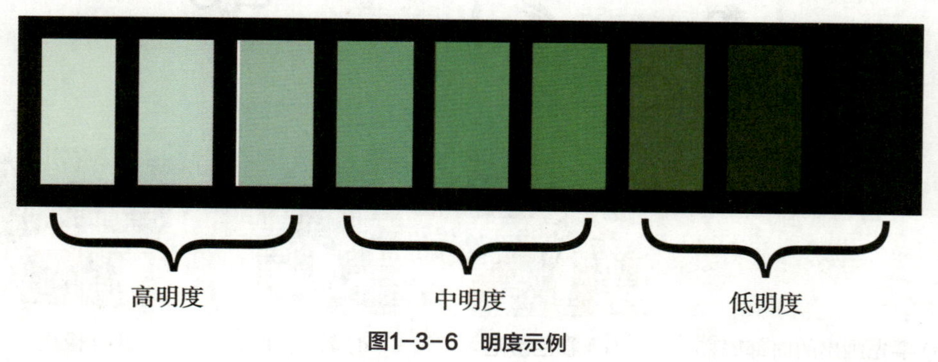

图1–3–6 明度示例

（3）纯度：纯度指色彩的鲜、浊程度。纯度也称为艳度、彩度、鲜度、饱和度。纯度高的色相，色彩感强。基本色相加入白色或黑色，都会提高或降低色相的明度，同时也会降低色相的纯度。美国色彩学家孟谢尔的纯度色标，把色相的纯度、明度分别用数字加以标定，这样更能清晰、准确地分辨出色彩各自不同的差别。（如图1–3–7所示）

图1–3–7　纯度色标

2. 色彩三属性在实际搭配中的应用

在设计妆面色彩中，我们最多只可以在六种基本色相中选择三种以内，妆色才会达到协调；否则，过多的色彩会使妆面显得杂乱，失去整体感、统一感。妆面颜色单一，又会使色彩过于单调。

在色彩设计中，不同色调会有各种不同的风格。

单色的画面使人感到安静，素色的画面给人感觉朴素自然，鲜艳的色彩给人感觉响亮、跳跃。因此，色彩设计不在于颜色用得多少，而在于这些颜色怎么用。

如：妆面用两个色相。这两个色相不是孤立的两色，而是可以变化的两色。每一个色都可以调节它们的明暗、饱和度（鲜艳度），使它们在层次上有变化。还可以使用黑色、白色，在它们的色与色之间形成间隔，分清妆面的层次，使妆面色彩既相对统一，又不失活泼。因此，我们必须理解色彩明度的深浅变化和饱和度的鲜浊程度。

（六）曲线妆形设计要求

要想完成一幅曲线优美的妆形设计作品，需要完成以下五个方面：

（1）在设计中完成优美舒展的线条并能与眼形结构、眉形结构衔接自然、布局排列疏密得当。

（2）妆面造型要清晰、明快而飘逸。色彩体现柔美、亲和的妆面风格。

（3）绘制效果图要考虑画面中的主次与虚实，既要有重点强调的部位，也要有淡化的部位，不要画得过于死板、生硬。

（4）曲线的弧度有大小之分，妆面也有类似的弧度相互衔接、方向分流。

（5）根据构思要求完成妆面设计作品的效果图。

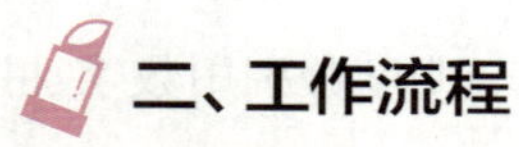

二、工作流程

（一）工作标准（如表1-3-1所示）

表1-3-1 工作标准

内 容	标 准
准备工作	工作区域干净整齐，工具齐全，码放整齐，仪器设备安装正确，个人卫生仪表符合工作要求
操作步骤	能够独立对照操作标准，使用准确的技法，按照规范的操作步骤完成效果图的实际操作
操作时间	在规定时间内完成项目
操作标准	线妆造型中曲线流畅、婉转、虚实、自然，能体现出妩媚优雅的效果
	能够与眼形结构、眉形结构衔接自然，线条的曲度符合面部凹凸结构及纹路
	曲线装饰的面积、位置要得当
	妆面干净、完整，重点突出，主次分明
整理工作	工作区域干净整洁、无死角，工具仪器消毒到位，收放整齐

（二）关键技能

1. 线条勾画的技法（如图1-3-8～图1-3-10所示）

图1-3-8 技法一

线条两头虚中间实。完成线条勾画后，可以用眼影晕色配合彩色铅笔完成。

线条宽度是一边实而深，另一边虚而浅，线条有单色渐变和双色渐变效果。

线条是一头细而实，另一头粗而虚，或者相反。

图1-3-9　技法二

眼根部线条粗而深，眼梢部线条细而浅。

图1-3-10　技法三

2. 线条用色技法

单色过渡：一个颜色由深到浅过渡，强调一个单色的深浅变化。

两色过渡：有一个颜色画线的一头，另一个颜色画线的另一头，将它们连贯起来，强调两色衔接的渐变效果。

（三）操作流程

1. 课前欣赏（如图1—3—11所示）

(a)　(b)　(c)

图1-3-11　课前欣赏

2. 课前准备的用具

头像模板和简单的曲线图形。

绘画工具：彩色铅笔24色、转笔刀、橡皮。化妆品：眼影、腮红、化妆套刷。

3. 操作程序（如图1-3-12～图1-3-19所示）

（1）准备面部底稿。

为了设计方便，事先画出一张面部头像。

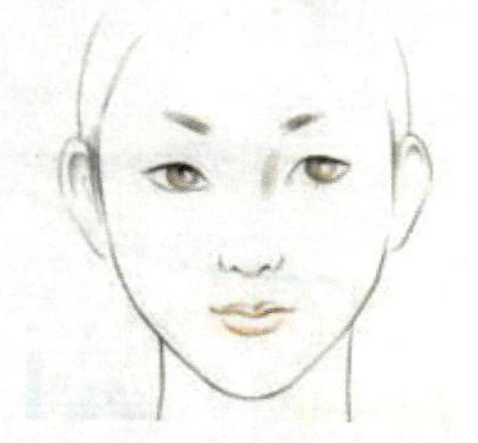

图1-3-12 准备面部底稿

（2）设计妆面曲线。

①将眉眼作为起点，用彩色铅笔画出图形线条。

②在眼部边缘、眉毛边缘和额头部位画弧度较小的图形。

③将上下内眼角向斜向拉长。

提示：弧度较大的图形，画在面部的线条可以舒展些。

图1-3-13 设计妆面曲线

（3）眼线、眉毛、图形的衔接。

① 根据图形，将眼线与图形线条衔接连贯。

②在图形线条的空隙部位还可以点缀一些点的装饰。

提示：眼角、眉头部位连接的线条一定要有粗细、虚实效果。

图1-3-14 眼线、眉毛、图形的衔接

（4）完成妆面对称。

根据妆面图形，完成眼形、妆形及眉形的对称。

图1-3-15 完成妆面对称

（5）画眼影。

①眼影用两色晕染衔接，眼帘尾色深些，眼帘头色浅些。用彩色铅笔和眼影混合使用。

②眼帘尾部眼线与曲线图形绘画流畅。

提示：用两色眼影突出色彩的层次感，前后色彩衔接自然。

图1-3-16 画眼影

（6）画眉形。

①面部图形运用蓝色、绿色衔接晕染。色与色之间深浅层次清晰，妆面色彩明快。

②内眼角的颜色可以用留白色或浅色亮色完成。

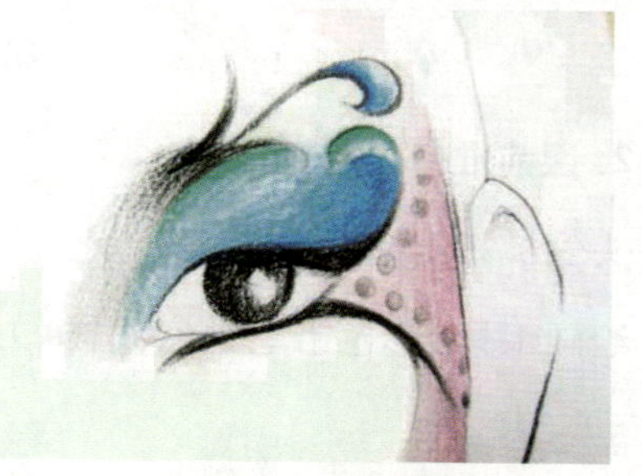

图1-3-17 画眉形

（7）腮红和轮廓色。

①面部轮廓色根据妆形的特点来强调。着色时用粉红色从脸部轮廓向内过渡，用笔刷蘸粉红色眼影粉压着轮廓来回移动涂色。

②艳丽清晰的眼妆需要将轮廓色画得浓一些。以免妆面过于平坦，缺乏结构感。

图1-3-18　腮红和轮廓色

（8）画唇色并整理画面结构与色彩。

①用蓝色彩铅画出唇形轮廓，再将唇缝、下唇边描重些，中部留白，使其有立体感。

②妆形绘画完成后，再检查一下画面的整体效果，虚实不够的，再稍加整理，完成作品。

注意：不要将唇形画得过于生硬，与妆面曲线相冲突。

图1-3-19　画唇色并整理画面结构与色彩

四、学生实践

活动方式：应用各种曲线装饰妆面及夸张眼形，完成曲线妆形效果图。

（一）设计之前要做的事

（1）理解如何应用曲线的婉转、迂回、波浪等效果完成妆面设计。

（2）用具准备齐全，彩色铅笔削好后，开始绘制曲线妆形效果图。

（二）妆形中色彩搭配的注意事项

选择妆面使用的色调，确定主色和辅色。用色简单明快，色调统一，面部不超过三种颜色。尽量以一色为主形成色调。整体妆形的用色要上下呼应，层次清晰。

（三）效果图绘制中容易出现的问题

（1）线条勾画布局应有疏有密，图形粗细、虚实自然清晰。但又不能过于生硬、死板。如：生硬的折线、断线。

（2）线条要流畅、轻松，互相尽量不要有十字线。

（3）颜色该深处要深得到位，浅的地方要过渡均匀、自然。

我在绘制效果图的过程中遇到的问题是：________________________________。

我感觉自己设计的优点是：________________________________。

我感觉设计的不足是：________________________________。

五、检测评价

本项目的学习已经完成，根据作品的完成效果，检验所学知识的掌握情况。曲线妆形设计效果图检测表如表1–3–2所示，请在相应的位置画“√”，将理解正确的内容写在相应的位置。

表1–3–2 曲线妆形设计效果图检测评价表

评价内容	评价标准			评价等级
	A（优秀）	B（良好）	C（及格）	
准备工作	工作区域干净整齐，工具齐全，码放整齐，仪器设备安装正确，个人卫生仪表符合工作要求	工作区域干净整齐，工具齐全，码放比较整齐，仪器设备安装正确，个人卫生仪表符合工作要求	工作区域比较干净整齐，工具不齐全，码放不够整齐，仪器设备安装正确，个人卫生仪表符合工作要求	A B C
评价内容	能够独立对照操作标准，使用准确的技法，按照规范的操作步骤完成实际操作	能够在同伴的协助下对照操作标准，使用比较准确的技法，按照比较规范的操作步骤完成实际操作	能够在老师的指导帮助下，对照操作标准，使用比较准确的技法，按照比较规范的操作步骤完成实际操作	A B C
操作时间	规定时间内完成项目	规定时间内在同伴的协助下完成项目	规定时间内在老师的帮助下完成项目	A B C
操作标准	能够独立按照设计原则，并认真地使用准确的表现技法完成彩绘效果图的绘制	能够比较独立地按照设计原则，使用较准确的表现技法完成彩绘效果图的绘制	能够在老师的帮助下使用较准确的表现技法完成彩绘效果图的绘制	A B C
	能够独立将眼形结构、眉形结构衔接自然，绘制的线条相对吻合面部凹凸结构及纹路	能够比较独立地将眼形结构、眉形结构衔接自然，绘制的线条比较吻合面部凹凸结构及纹路	能够比较独立地将眼形结构、眉形结构衔接自然，绘制的线条比较吻合面部凹凸结构及纹路	A B C

续表

评价内容	评价标准			评价等级
	A（优秀）	B（良好）	C（及格）	
操作标准	能够按照线妆的风格特点着色，符合妆面三色要求。主次分明，色调统一	用色能够比较符合线妆的风格特点，基本符合妆面三色要求。比较有主次	在老师的帮助下知道线妆的风格特点，基本了解妆面三色要求。妆面色彩无主次	A B C
	妆面干净、完整，重点突出，主次分明	妆面干净，有主有次	妆面干净	A B C
	线妆效果图整体层次清晰，色彩搭配协调、自然	线妆效果图整体层次比较清晰，色彩搭配比较协调、自然	线妆效果图整体层次不清晰，色彩搭配生硬、不协调	A B C
操作标准	工作区域干净整洁、无死角，工具仪器消毒到位，收放整齐	工作区域干净整洁，工具仪器消毒到位，收放整齐	工作区域较凌乱，工具仪器消毒到位，收放不整齐	A B C
学生反思				

六、知识链接

艺术设计中美的形式法则——对称、平衡、比例

（一）对称

以一条垂直线通过安静直立的人体正面中心，可以看到人体的结构左右两边的形量相等，这种形式就是对称。对称是表现安定感的最好形式。当人的表情动作发生变化时，人体也就随之失去对称。即由对称形式变成平衡形式。因此，对称是静态形式，均衡是动态形式。

对称分为左右对称、上下对称、四面对称、点对称、放射对称、旋转对称。

(二)平衡

在天平中，两边承受的重量由一个支点支撑，当双方获得力学上的平均状态时，称为平衡。这在立体物来讲指的是实际的重量关系；在绘画设计当中，平衡并不是实际重量的均等关系，而是根据图像的形量、大小、轻重、色彩及材料的分布作用于视觉判断的平衡。在画面上常用中轴线、中心线、中心点保持形量关系的平衡，同时，关联到形象的动势及重心等因素。

在生活现象中，平衡时动态的特征，如人体的运动、鸟类的飞翔、走兽的奔驰以及风吹花草、云行水流等都是平衡的动态。因此，平衡属于动态形式。

3. 比例

比例是部分与部分或部分与全体之间的数量关系。人们在长期的生产生活的实践中一直都运用比例的关系，总结出各种尺度。比例是决定构成艺术作品的一切单位大小以及它的各单位间相互关系的重要因素。一般来说，符合人体尺度和使用功能标准的比例是美的。黄金律是古希腊毕达哥拉斯学派从数的量度中发现的，这种比例是有美学依据的黄金分割比例，这种比例能给人以稳定感。

项目四　曲线妆形实操训练

项目导读

曲线妆形的操作是线妆造型较为灵活的夸张形式，体现妆形风格妩媚、婉转的女性美感。它通过运用基础化妆的技能、手法灵活的表现形式，突出妆面的装饰美。在色彩上既可应用轻松淡雅的色彩，也可运用明快的、鲜明的色彩。

工作目标

(1)能够通过观察模特的结构，分析叙述出妆形效果图的可行性。

(2)能够完成眼影的扑色、脸部轮廓的修饰，腮红的位置正确，颜色均匀自然。

(3)能够将设计稿的妆形在真人模特面部操作完成。

一、知识准备

(一)曲线妆形与直线妆形操作手法的不同

曲线妆形是彩绘创意化妆的另一种设计方式，在妆面风格上与直线妆形有很大区别。在操作步骤上基本相同，但手法在细节的技巧上有一定的区别，配色风格也会有很大的差异。要求曲线的曲度要优美、有动感。

（二）曲线妆形的化妆效果（如图1–4–1所示）

曲线妆形的化妆效果根据不同的弧度或组成的图案会呈现不同的主题效果，代表妆形结构中的分割、界线的走势方向。

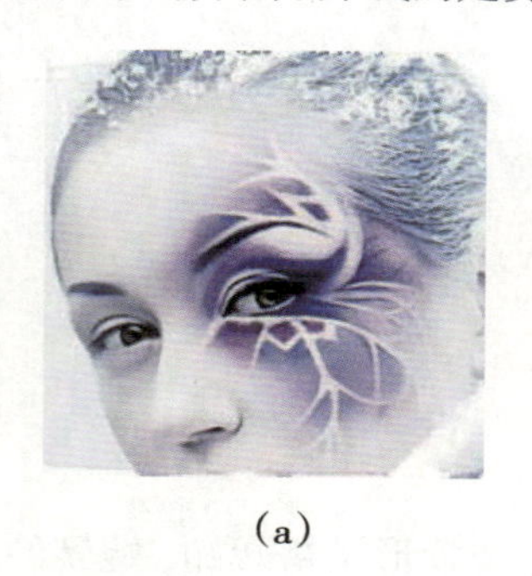

(a)

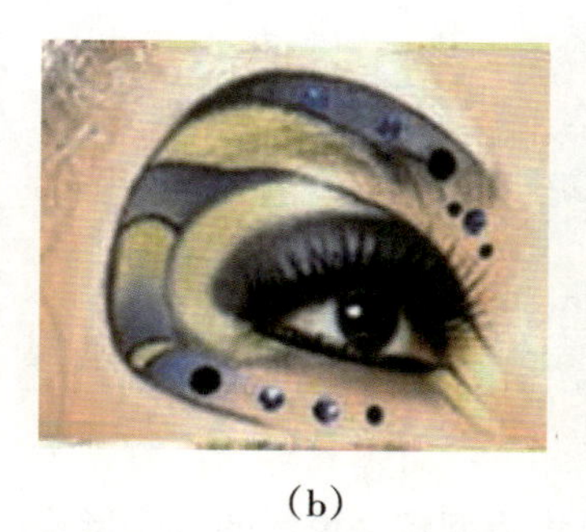

(b)

(c)

图1–4–1 曲线妆形的化妆效果

（三）曲线妆形的操作用具

曲线妆形用具包括专业化妆用具和彩绘化妆用具。

1. 专业化妆用具（如图1–4–2所示）

一般需要准备修眉工具、粉底霜或粉底液、化妆套刷、眼线笔、眼线膏与眉笔、眼影、腮红、干湿粉扑、较长假睫毛、睫毛胶、睫毛夹、棉棒、面巾纸等。

(a) 修眉工具

(b) 化妆刷

(c) 干湿粉扑

(d) 眼线膏

(e) 粉底液、粉底霜

(f) 腮红

(g) 定妆粉

(h) 各色眼影

(i) 眼线笔

(j) 口红

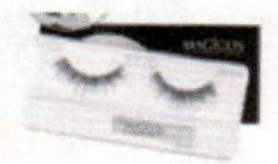

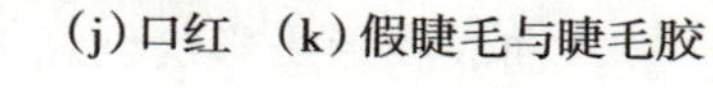

(k) 假睫毛与睫毛胶

图1–4–2 专业化妆用具

2. 卸妆用品

卸妆用品主要有卸妆水、卸妆油、洗面奶、卸妆棉等。

3. 彩绘用具（如图1-4-3所示）

彩绘创意化妆应用的用具可以使用专业的化妆用具，另外，再备几支由小到大的勾线笔和油彩颜料、装饰宝石与亮粉、卸妆棉与面巾纸等。

（a）油彩颜料

（b）彩绘用笔

（c）装饰宝石与亮粉

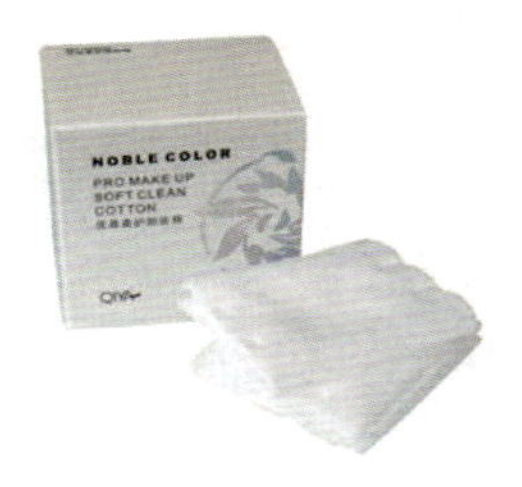

（d）卸妆棉与面巾纸粉

图1-4-3　彩绘用具

（四）妆形中曲线的操作方法

在妆面上开始画曲线时，要先想好曲线的方向、位置，也可在纸上先画一遍，做到心中有数。然后用小号的勾线笔或相应颜色的眼线笔在确定好的位置一气呵成地完成。

操作妆面图形色彩或线条虚实时，晕色的笔要注意清理干净，确定涂色的方向和笔触的轻重，注意控制好手劲。

（五）曲线妆形操作中的基本要求

（1）按照操作顺序的要求完成每一个步骤。

（2）化妆笔要随时清洗，以免将妆面弄脏。

（3）曲线妆形中的层次线要事先想好位置，轻轻点出部位、方向、曲度，完成线条的绘制。

（4）面积大的图形用眼影完成晕色，涂轮廓线时，用小笔将分界线画整齐。

（5）画眉头尽量使用眉粉或眼影色，以方便颜色的选择与更改。可以根据妆面的整体色调画出眉毛的颜色。

二、工作过程

（一）工作标准（如表1–4–1所示）

表1–4–1 工作标准

内 容	标 准
准备工作	工作区域干净整齐，工具齐全，码放整齐，仪器设备安装正确，个人卫生仪表符合工作要求
操作步骤	能够独立对照操作标准，使用准确的技法，按照规范的操作步骤完成实际操作
操作时间	在规定时间内完成项目
操作标准	线妆造形中曲线流畅、婉转、虚实自然，妆面油彩勾线浓淡适宜
	能够与眼形结构、眉形结构衔接自然，线条组合符合面部凹凸结构及纹路
	曲线妆形要对称，线条装饰的位置要得当
	妆容用色干净，妆形完整，重点突出，主次分明
整理工作	工作区域干净、整洁，无死角，工具仪器消毒到位，收放整齐

（二）关键技能

1. 绘制图形（如图1–4–4所示）

（1）画第一条曲线。

从外眼角部位向上画曲线。

提示：图形线条颜色不宜画得太深，能看见即可。

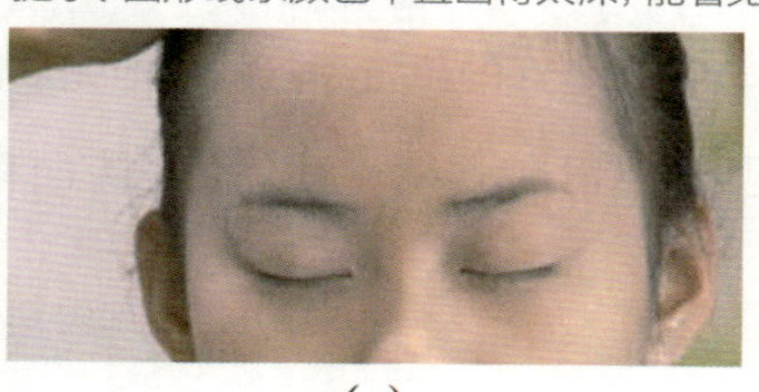

(a)

（2）画第二条曲线。

从眉毛中部起笔向斜上方画出曲线。

提示：与第一条线距离要合适。

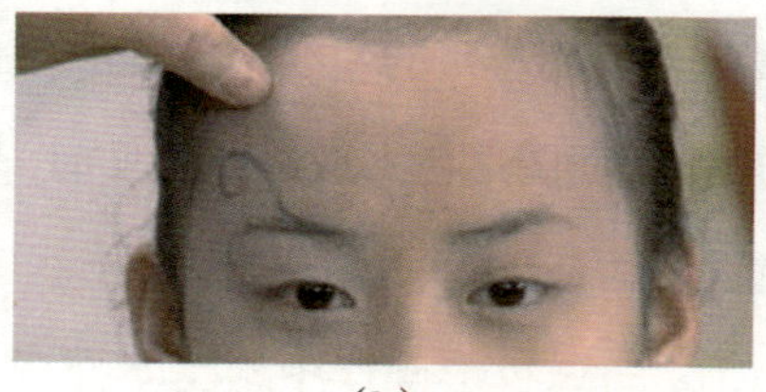

(b)

（3）画第三条曲线。

从眉头部位起笔向额头部位画出曲线。

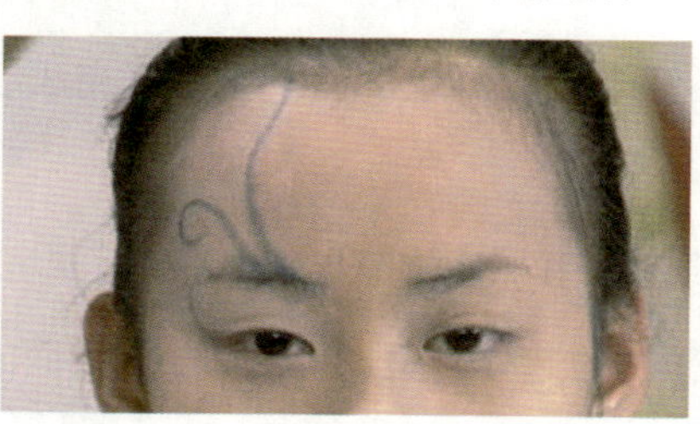

(c)

（4）画第四条曲线。

在下眼线外眼角部位，从眼尾开始往下以迂回的方式画曲线。

提示：两头虚，中间实。易于修改和调整。

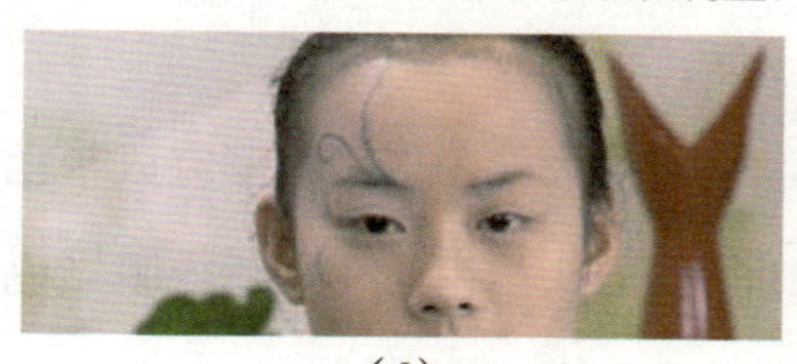

(d)

图1–4–4 绘制图形

2. 图形着色（如图1-4-5～图1-4-7所示）

（1）额头曲线图形晕色。

①用眼影刷蘸翠绿色眼影粉将图形边缘颜色晕开，使妆面曲线有虚实变化。

②曲线晕色效果是一边颜色晕色，另一边边缘整齐。提示：操作时不要把线条画模糊。

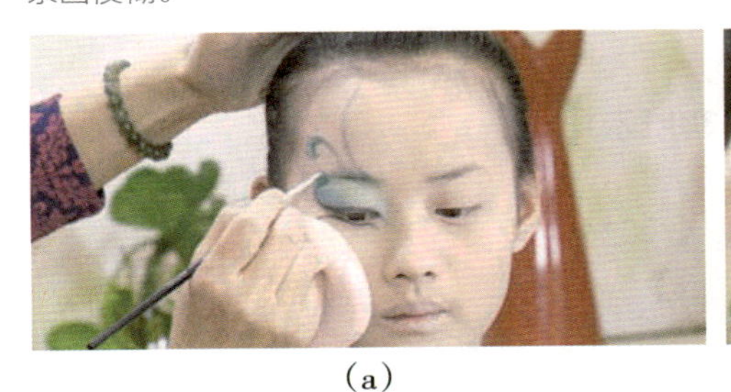
（a）

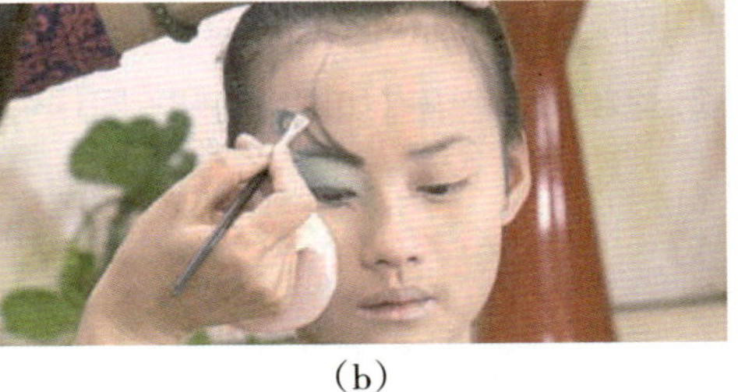
（b）

图1-4-5　额头曲线图形晕色

（2）下眼帘曲线晕色。

①在曲线的弧度内侧，用中号笔刷蘸取翠绿色眼影涂抹，晕开形成半弧状。晕色面积可以大一些。

②半弧形中间色彩涂浓一些，梢部画淡至逐渐消失。提示：

①轮廓处要画整齐。

②图形填色要均匀，图形外围处底色要逐渐变浅。

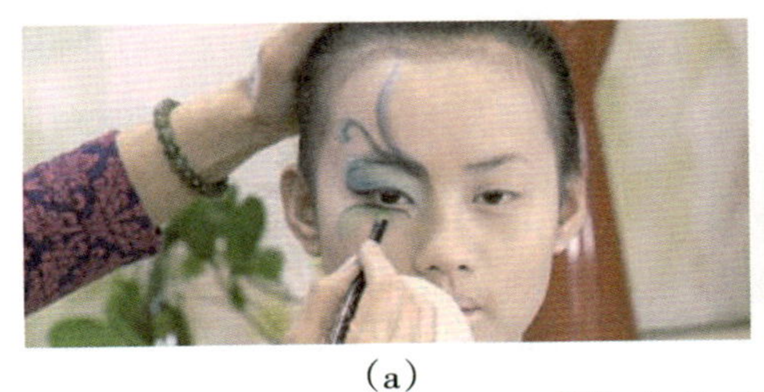
（a）

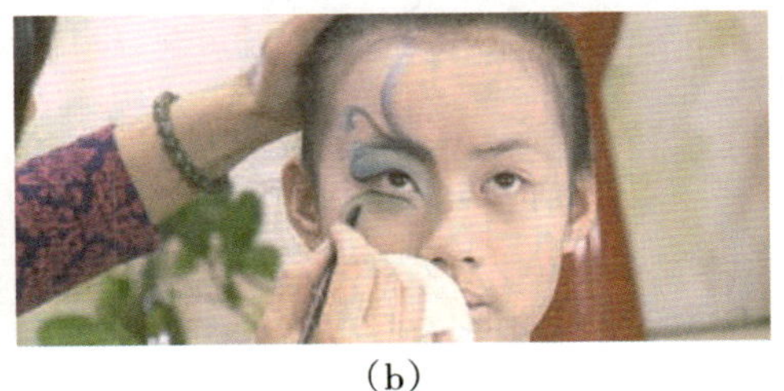
（b）

图1-4-6　下眼帘曲线晕色

（3）妆面提亮。

用小号眼影刷蘸白色眼影粉在图形的边缘、内外眼角涂抹提亮，使妆面图形有层次。

提示：眼影粉颜色亮度不够时，再用白色油彩提亮。

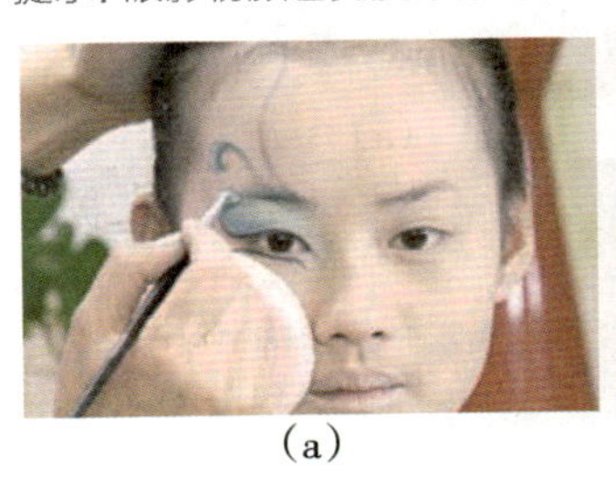
（a）

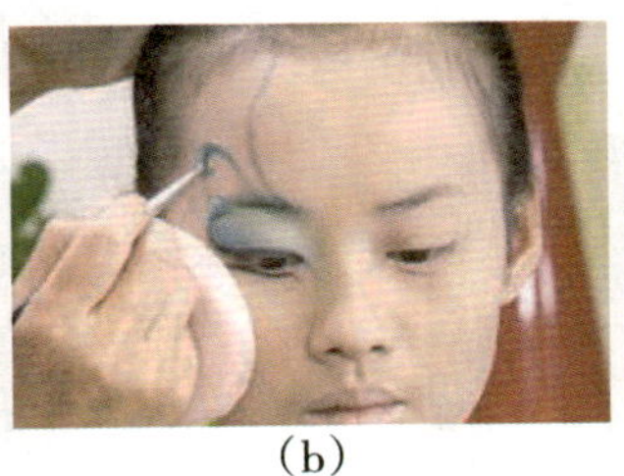
（b）

（c）

图1-4-7　妆面提亮

（三）操作流程

1. 化妆用品的准备

化妆用品：修眉刀、粉底液和粉底霜、珠光眼影板、眼线膏和勾线笔、睫毛夹、假睫毛和睫毛胶、口红或唇彩、定妆粉、干湿粉扑、腮红、眉笔、油彩颜料、卸妆油、洗面奶、卸妆棉、面巾纸等。

2. 化妆操作程序（如图1－4－8～图1－4－30所示）

（1）打粉底。

①根据模特的肤色选择适合的粉底霜。

②先用接近肤色的粉底霜打第一层，将妆面各个部位打均匀。

③再用白色粉底膏将额头、鼻梁、眼睛至鼻翼的三角区、下巴颏部位打均匀。

提示：打粉底前，将头发向后梳理整齐，眉毛修理整齐干净。

图1－4－8 打粉底

（2）定妆。

使用适合面部粉底色深浅的定妆粉，将各个部位按压定实。

图1－4－9 定妆

（3）画曲线图形。

在面部完成曲线的基本图形。

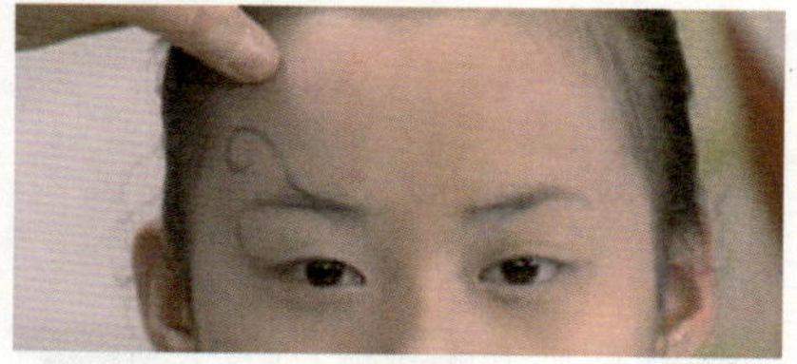

(a)

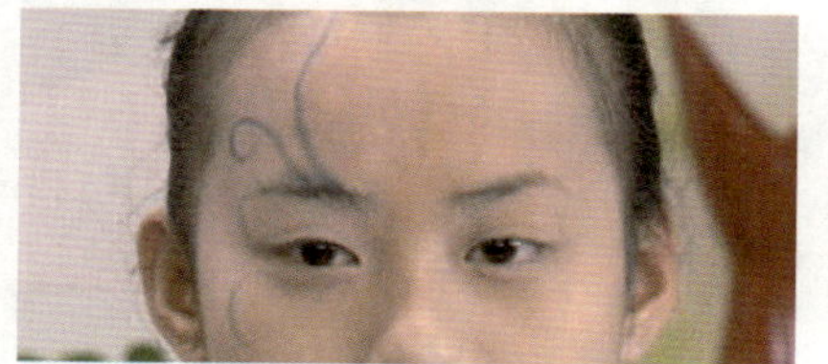

(b)

图1－4－10 画曲线图形

（4）画上眼线。

从外眼角根部开始，先画细，延长连至眼角部位的曲线。在外眼角眼根位置将眼线描画粗些。模特睁开眼之后，能看到眼线整齐清晰即可。眼线略微画长。

提示：切不可一开始就描得过粗，以致后面无法更改使妆面很脏，略微画出一点眼角。

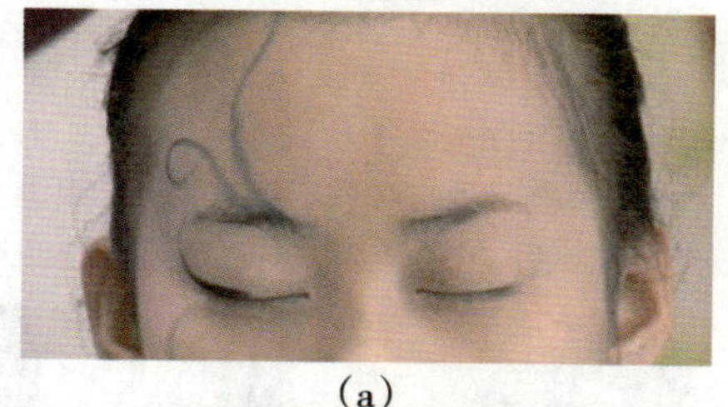

(a)

(b)

图1－4－11 画上眼线

(5) 画下眼线。

①用黑色眼线笔从外眼角开始与颧骨部位的曲线相连接。

②从外眼角轻轻地往内眼角画。到距内眼角三分之一处时，向下画出内眼角的弯度。

提示：一定要将眼线笔尖修成扁形。内眼角的眼线要画得细一些，梢部画虚。内眼角形成一个角。

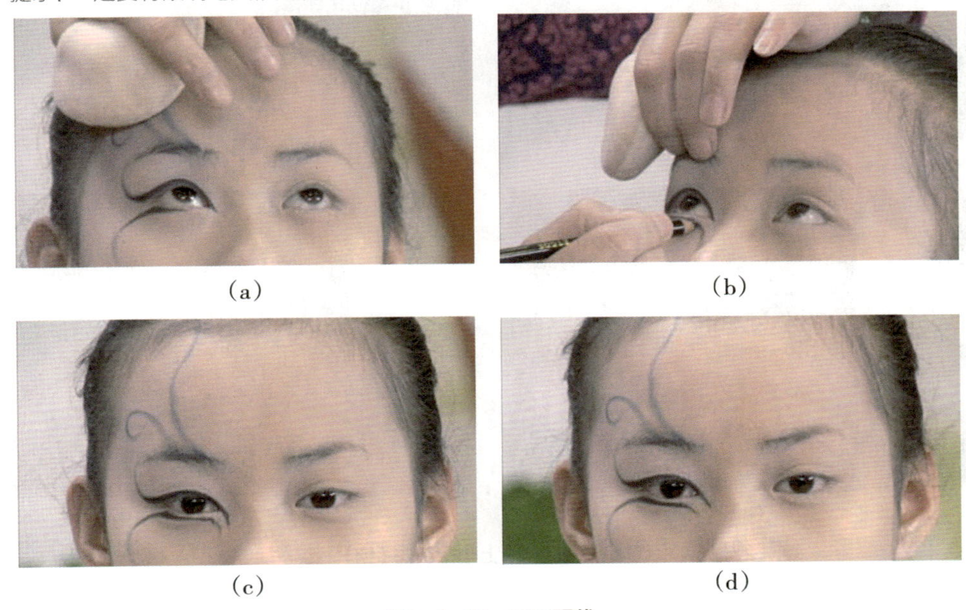

(a)　(b)

(c)　(d)

图1-4-12　画下眼线

(6) 涂上眼帘眼影。

①为使眼影色干净鲜艳，用白色眼影粉将整个上眼帘涂抹均匀。

②选择湖蓝色眼影从眼根部开始向上逐渐晕色，再用浅蓝色衔接至眉骨。

③用大号笔刷清理妆面的浮色。

小提示：涂眼影时，提拉起眼皮涂眼影。

④内眼角用翠绿色眼影。从眼窝结构转折部位开始直至连接到湖蓝色眼影部位。

⑤将眼角部位绿色向鼻侧下方晕染变淡。画完眼影之后，观察整体眼影的颜色渐变是否合适，颜色过于接近时要进行调整。用浅绿色调整眼影，使层次显得清晰一些，将绿色和蓝色晕开

提示：特别是内眼角鼻侧位置的眼影一定要卡在骨骼转折部位，鼻侧影要自然向下晕淡。不要画得太死板、生硬。

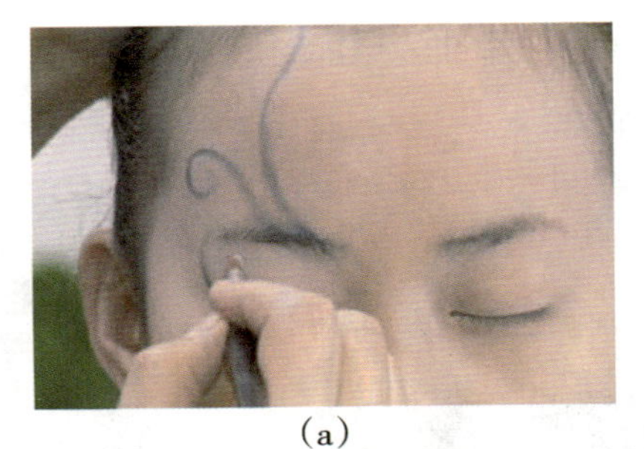

(a)

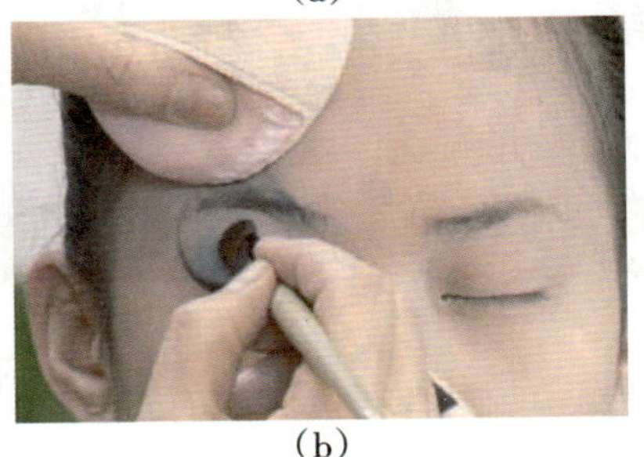

(b)

图1-4-13　涂上眼帘眼影

(c) (d) (e) (f)

图1-4-13 涂上眼帘眼影（续）

（7）修饰曲线尾部图形。

①用蓝色眼线笔画出曲线尾部的图形，对其进行涂色。

②用小号眼影刷将图形衔接晕染。

③用黑色眼线笔再次对图形下缘勾画强调。提示：图形形状要婉转优美。

(a)

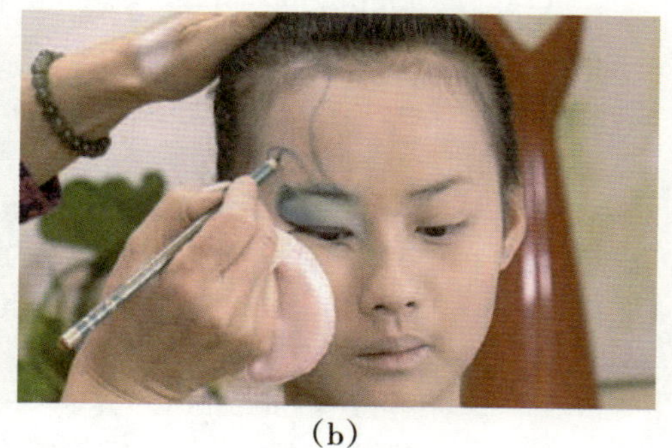

(b)

图1-4-14 修饰曲线尾部图形

(c)

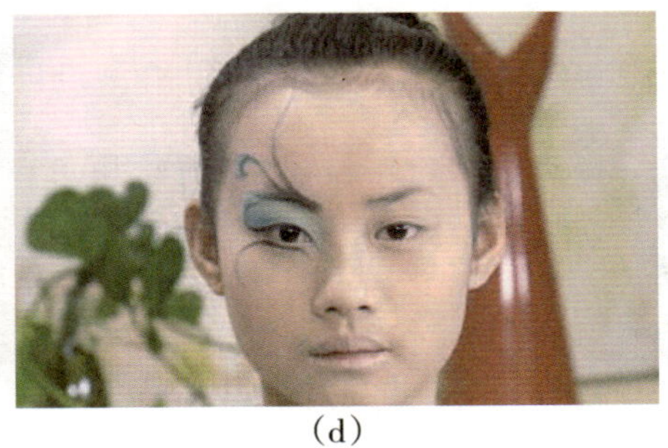
(d)

图1-4-14　修饰曲线尾部图形（续）

(8) 图形提亮。

用小号眼影刷蘸取白色眼影粉在图形尾部边缘提亮。

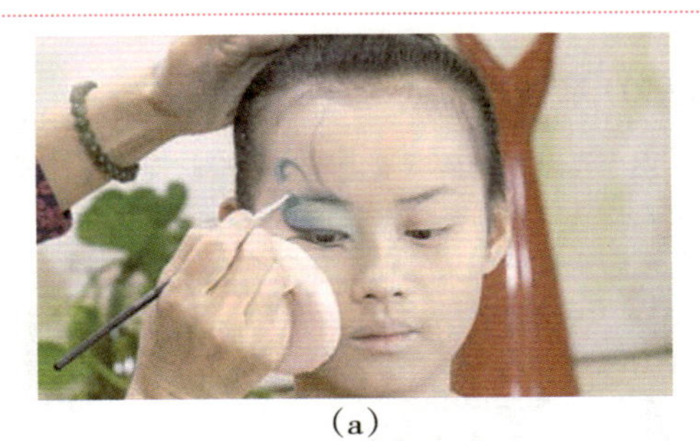
(a)

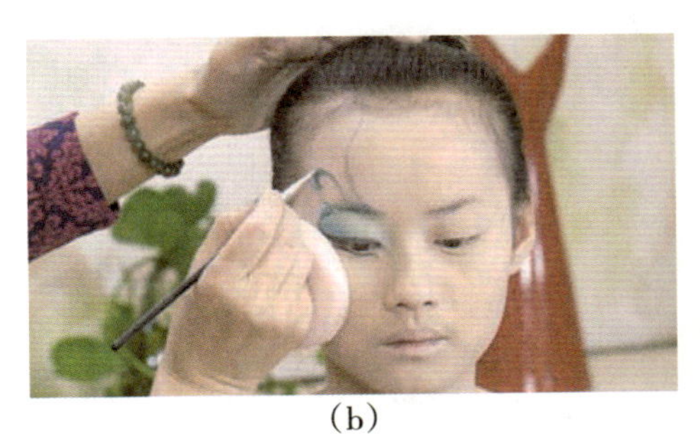
(b)

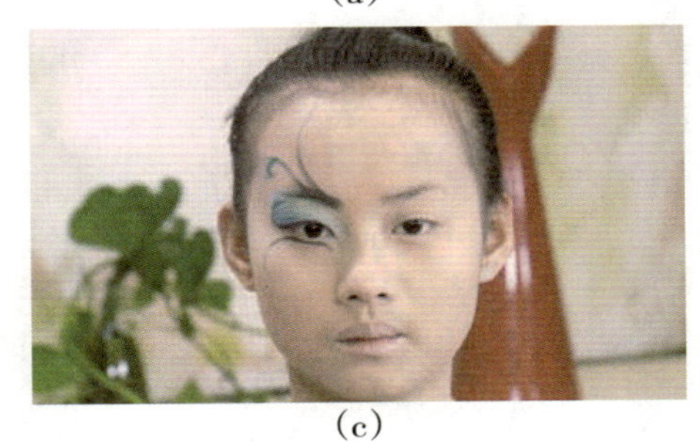
(c)

图1-4-15　图形提亮

(9) 画眉头。

先从眉头开始，用眉笔确定出曲线的位置，连接额头的曲线及眉峰的曲线。

提示：用细小的笔修饰一下所画的部位。要与鼻梁形成整个连贯的线条。

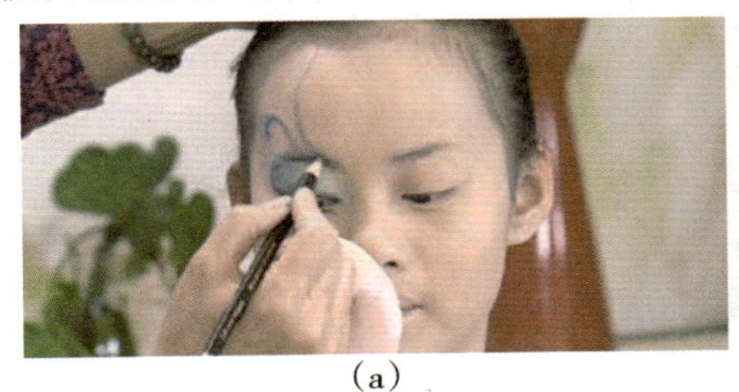
(a)

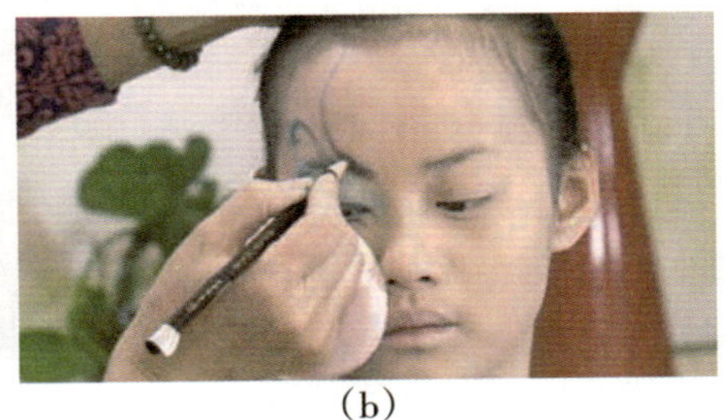
(b)

图1-4-16　画眉头

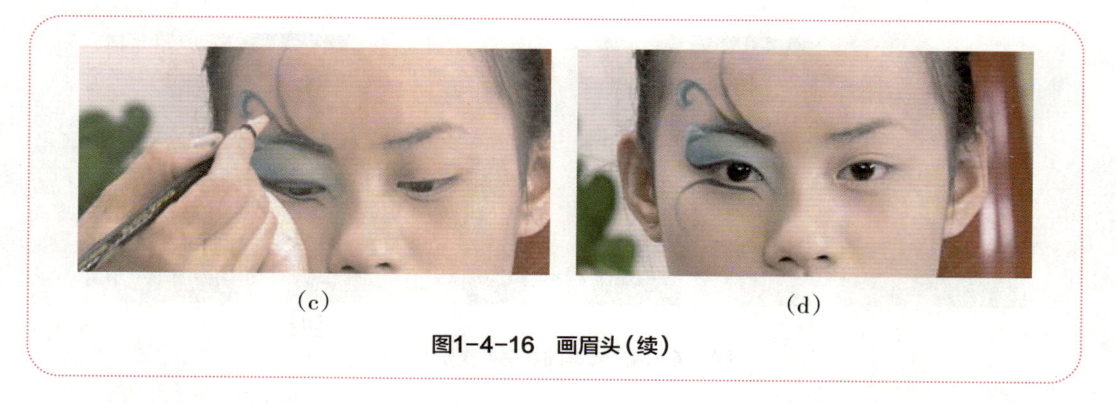
(c) (d)

图1-4-16 画眉头(续)

(10)晕染眉头鼻侧。

①用小号眼影刷蘸取褐色眉粉晕染并连接至曲线中部。
②将眉头向下晕开,轻轻地带一下眉头即可。
③用眼影笔将眉头的褐色向鼻侧下晕开,逐渐变淡至消失。提示:眉头位置颜色不要太深。

(a) (b)
(c) (d)

图1-4-17 晕染眉头鼻侧

(11)晕染额头曲线。

①把眉头与曲线图形的线条连接流畅。
②使用眼影笔将蓝色或绿色眼影粉晕染成曲线的一边。
③晕染效果要自然。若局部不理想,可以用棉棍擦拭一下。
④从曲线根部晕染,颜色向下衔接好眉头,向上连接曲线的梢部。达到颜色渐变自然的效果。
小提示:妆面在色彩搭配上以蓝绿为主,在用色时可以体现出蓝绿相间的效果。

图1-4-18　晕染额头曲线

(12) 下眼线涂色。

①用绿色眼影在下眼线位置涂色晕开。涂色边缘要整齐。

②下眼线眼角部位颜色可以画浓一些。两边弧度的线条及颜色逐渐变淡消失。

提示:

①眼影色可选鲜艳的绿色或蓝色。

②下眼线外眼角部位眼线用黑色强调，但颜色要衔接好。

(a)

(b)

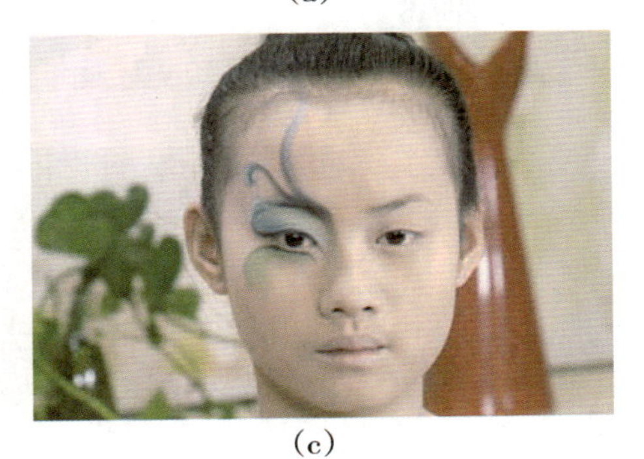

(c)

图1-4-19　下眼线涂色

（13）提亮眼角。

①先用小号眼影刷蘸白色眼影粉将内眼角提亮。
②将外眼角提亮。提亮过程中逐渐向外晕开。
③外眼角外围面积比较大，可以用中号眼影刷蘸取白色眼影粉进行涂抹。
提示：
①眼角用白色、金色或银色提亮。对于蓝绿色妆形多用白色或银色。
②因为眼角面积比较小，眼影粉不易达到提亮效果，所以用油彩更好。

(a) (b) (c) (d)

图1-4-20 提亮眼角

（14）粘装饰钻石。

在小钻的背面涂一点睫毛胶，在外眼角中间粘贴三粒钻石，间隔不要靠得太近。
小提示：钻的数量根据自己的爱好选择。

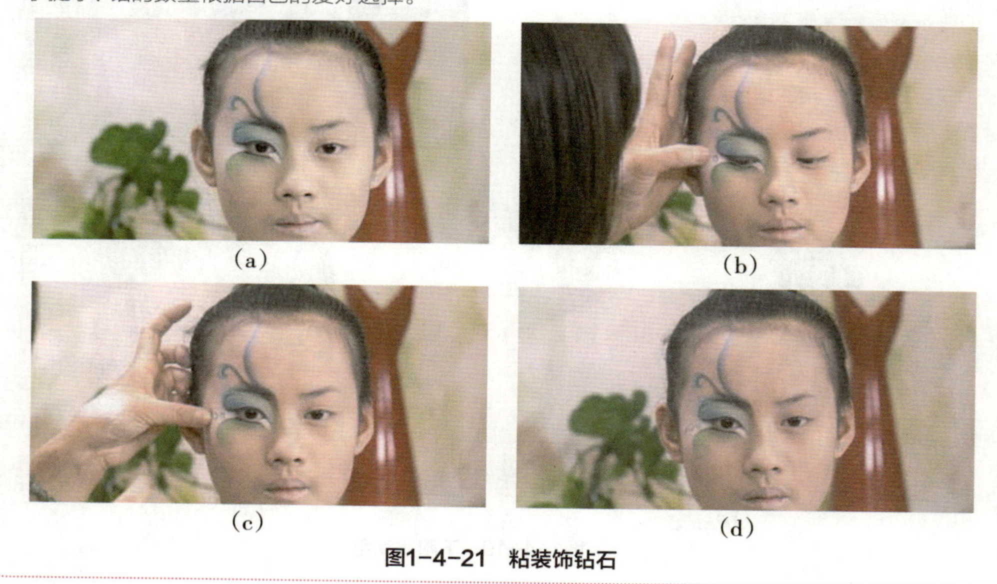

(a) (b) (c) (d)

图1-4-21 粘装饰钻石

（15）打腮红。

①因为妆形以冷色为主，所以腮红可以用冷粉色。

②腮红按压打在颧骨侧缘。

（a）

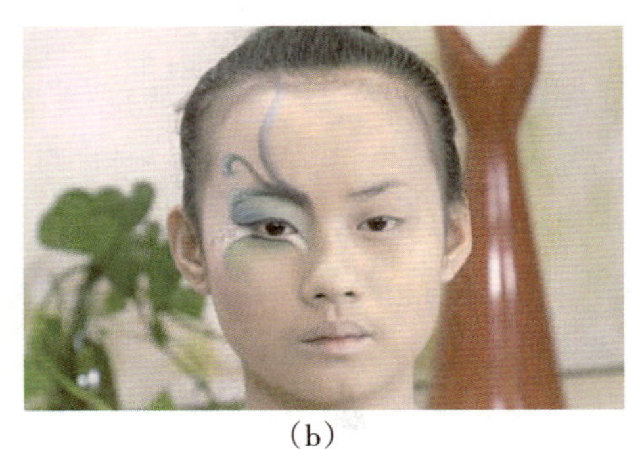
（b）

图1-4-22　打腮红

（16）图形提亮。

强调曲线图形的层次，用白色眼影粉在图形边缘涂色，完成面部另一半图形妆面的对称。

提示：观察整体妆容，用白色提亮。

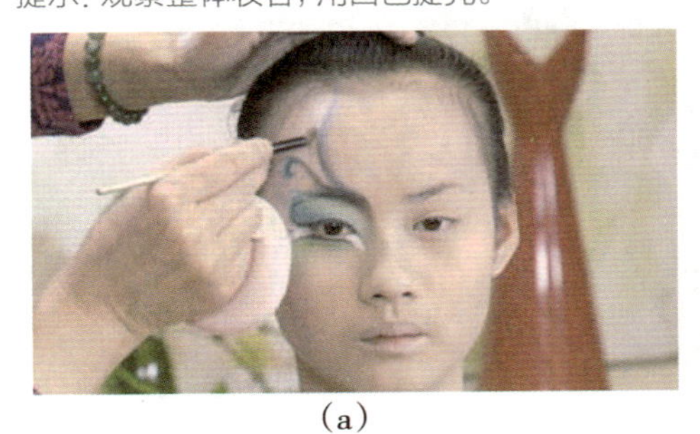
（a）

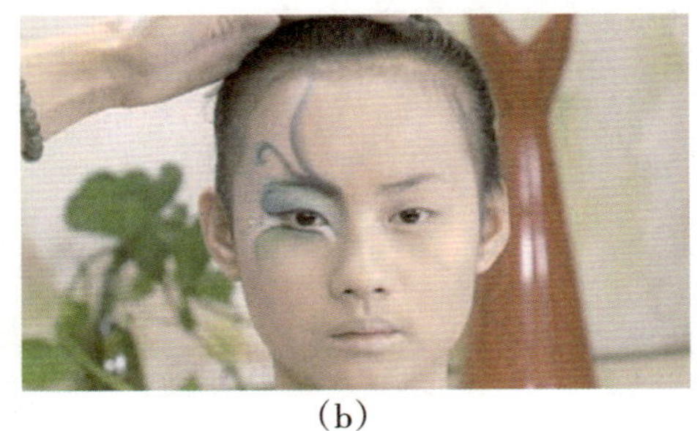
（b）

图1-4-23　图形提亮

（17）粘假睫毛。

完成妆面对称后，选择夸张一些的假睫毛，可以根据模特眼长，适当修理假睫毛的长度，进行粘贴。

（a）

（b）

图1-4-24　粘假睫毛

(18) 画唇形。

根据模特唇的特点，用唇彩笔蘸蓝色油彩画出唇线。

提示：模特上唇较厚，唇形较大，因此要将唇形画得小一些。

(a)

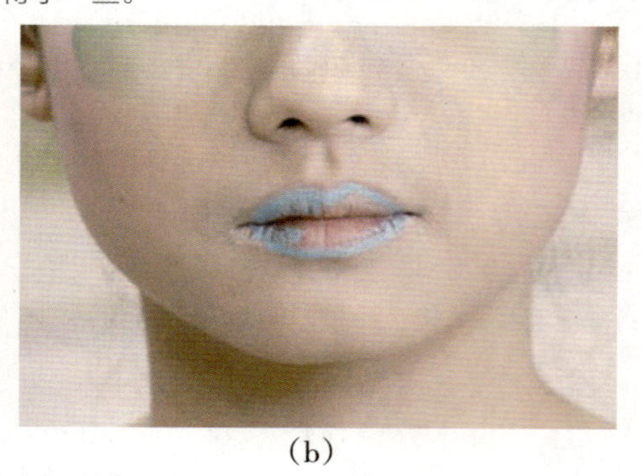

(b)

图1-4-25　画唇形

(19) 填充唇色。

可以用深浅不同的蓝色画出唇部的凹凸感。

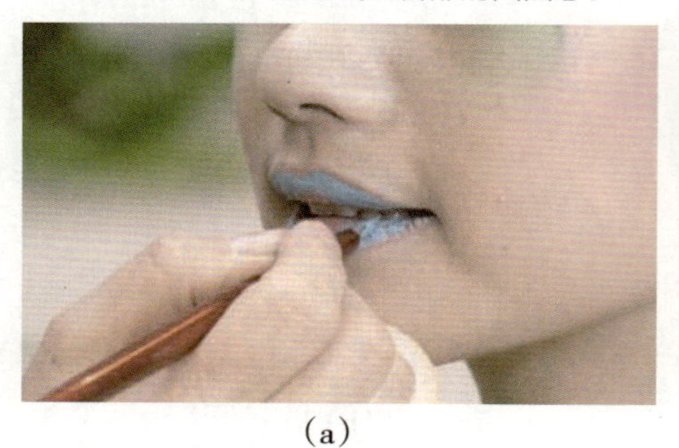

(a)

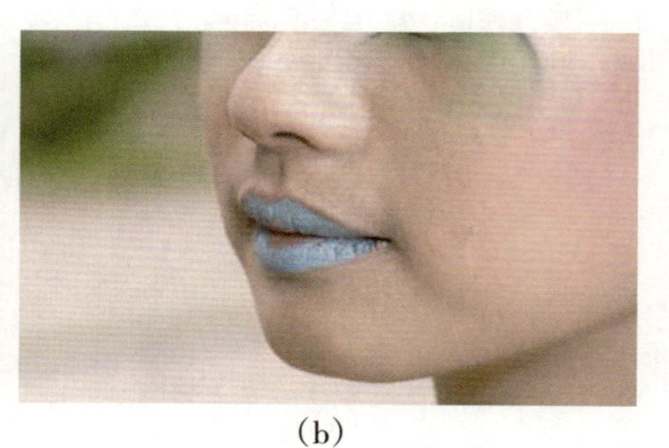

(b)

图1-4-26　填充唇色

(20) 晕唇色。

用唇笔刷将油彩晕开，以防唇色太厚。

(a)

(b)

图1-4-27　晕唇色

（21）用粉底霜修饰。

沿着唇的边缘涂抹粉底霜，略微晕开。与唇外侧粉底颜色衔接，并将嘴角填充上。

小提示：唇峰太尖，用粉底修正嘴型。

（a）

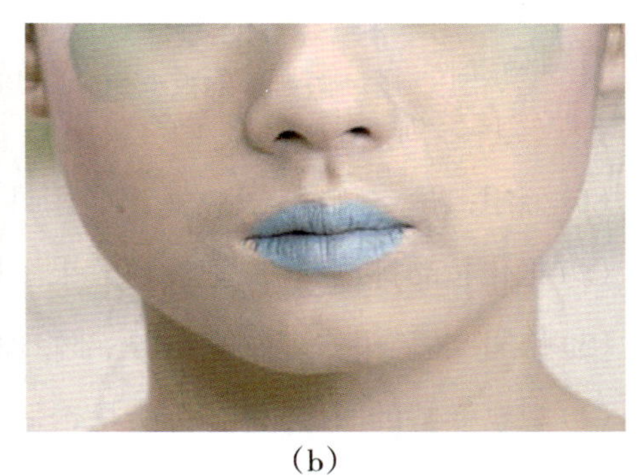

（b）

图1-4-28　用粉底霜修饰

（22）增加唇的立体感。

用中号唇刷蘸银色亮粉涂在唇部中间，增强妆面的靓丽感。

小提示：亮粉不要太多。

（a）

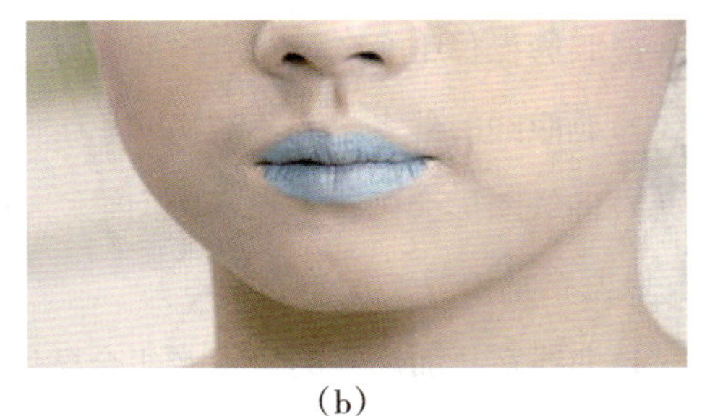

（b）

图1-4-29　增加唇的立体感

（23）整理妆容。

根据妆面效果，查看妆形妆色中不太理想的地方，再稍加修改。

图1-4-30　整理妆容

三、学生实践

活动方式：直线妆形实操训练——按照绘制的直线妆形效果图，完成实际操作真人模特的化妆。

（一）操作之前要做的事

（1）分组：两人一组，其中一人准备用具；另一人清洗面部，擦护肤用品。

（2）把化妆品排放整齐，把设计效果图粘贴在镜子上。

（3）修眉：将眉头修理整齐，眉尾部修理得短些少些。

（4）观察模特的面部结构，分析是否适合所设计的妆形操作。若难度较大，可以对妆形设计稍加修整。如：眉眼之间距离较小，眼影部位无法设计效果，经过考虑后可以适当地更改效果图的局部。

（5）观察模特的肤色，分析所适合的妆面色调。

（二）操作中会出现的问题

（1）眼影操作中颜色相互衔接不均匀。

（2）画眼线时线条容易不流畅、均匀。

（3）曲线图形会画得不顺畅，弧度太大或太小，与面部结构不吻合，妆面图形无整体感，效果上感觉松散。

（4）曲线在妆面修饰的位置及组合显生硬、死板。

（5）眉头与鼻侧影衔接虚实不自然，结构位置不准确。

（6）内外眼角的眼线不容易处理好。

（三）操作中要注意的事

（1）画眼线时一定要将眼线笔修尖修好，或者用最小号的彩绘勾线笔用眼线膏完成。

（2）曲线妆形中的眉毛设计一般不是常见的标准眉形，要将重点放在眉头位置，与眼窝、鼻梁自然衔接，并准确地强调出结构线。因此，眉头与鼻侧影的晕色很重要。

（3）打腮红或轮廓色的浓淡和位置要根据脸形及妆形的要求完成。

（4）画眼睛时要注意用眼线笔尖压在眼睫毛根的部位，向前移动，完成眼线的操作。

我在操作中遇到的问题是：____。

我感觉自己画的妆形优点是：______________________________________。

我感觉自己画的妆形不足是：______________________________________。

四、检测评价

本项目的学习已经完成，根据作品的完成效果，检验所学知识的掌握情况。曲线妆形实际操作检测评价表如表1-4-2所示，请在相应的位置画“√”，将理解正确的内容写在相应的位置。

表1-4-2　曲线妆形实际操作检测评价表

评价内容	评价标准			评价等级
	A（优秀）	B（良好）	C（及格）	
准备工作	工作区域干净整齐，工具齐全，码放整齐，仪器设备安装正确，个人卫生仪表符合工作要求	工作区域干净整齐，工具齐全，码放比较整齐，仪器设备安装正确，个人卫生仪表符合工作要求	工作区域比较干净整齐，工具不齐全，码放不够整齐，仪器设备安装正确，个人卫生仪表符合工作要求	A B C
操作步骤	能够独立按照曲线妆形效果图的内容，对照操作标准，使用准确的技法、规范的操作步骤完成曲线妆形的化妆实际操作	能够在同伴的协助下按照曲线妆形效果图的内容，对照操作标准，使用准确的技法、规范的操作步骤完成曲线妆形的化妆实际操作	能够在老师的指导帮助下，对照操作标准，使用比较准确的技法，按照比较规范的操作步骤完成实际操作	A B C
操作时间	规定时间内完成项目	规定时间内在同伴的协助下完成项目	规定时间内在老师的帮助下完成项目	A B C
操作标准	能够将妆面中曲线完成得流畅、舒展、虚实自然，体现出温和、优雅、自然的效果	能够将妆面中曲线完成得比较流畅、有虚实感，体现出比较温和、优雅的效果	能够在老师的帮助下将妆面中曲线完成得比较流畅、有虚实感	A B C

续表

评价内容	评价标准			评价等级
	A（优秀）	B（良好）	C（及格）	
操作标准	能够独立将眼形结构、眉形结构衔接自然，线条相对吻合面部凹凸结构及纹路	能够比较独立地将眼形结构、眉形结构衔接自然，线条比较吻合面部凹凸结构及纹路	能够在老师的帮助下将眼形、眉形结构衔接自然，线条没有吻合面部凹凸结构	A B C
	效果符合设计意图	效果基本符合设计意图	效果不太符合设计意图	A B C
	能够按照曲线妆的风格特点着色，符合妆面三色要求。主次分明	用色比较符合曲线妆的风格特点，基本符合妆面三色要求。比较有主次	在老师的帮助下知道曲线妆的风格特点，基本了解妆面三色要求。妆面色彩无主次	A B C
	实操妆面整体层次清晰，色彩搭配协调、自然	实操妆面整体层次清晰，色彩搭配较协调、自然	实操妆面整体层次不清晰，色彩搭配生硬、不协调	A B C
整理工作	工作区域干净整洁、无死角，工具仪器消毒到位，收放整齐	工作区域干净整洁，工具仪器消毒到位，收放整齐	工作区域较凌乱，工具仪器消毒到位，收放不整齐	A B C
学生反思				

五、知识链接

艺术设计中美的形式法则——节奏与韵律

节奏与韵律形成了图形纹样的动态美。装饰艺术形式中的节奏与韵律同诗歌、音乐的节奏与韵律存在着共同之处，其图形特征和形式的多样性、多变性虽无法用诗歌、音乐的格律来衡量，然而，两者的美学原理和性质却同出一辙。

（一）节奏

节奏指秩序、有规律的变化和反复。变化的元素是一定量的单位元素或形体变化过程的系列阶段，秩序循环上可分为重复节奏和渐变节奏。重复节奏无论在延伸方面还是循环次数方面，其变化周期和各个重复元素都是等距离排列，没有空间距离和形态变化，形成单一的反复状态；渐变节奏离不开周期和形态的反复，但在每个周期和单位元素中，元素的形态发生渐变，使周期和单位之间的分界模糊，有秩序、有规律地拉长变化的周期，形成平滑流畅的运动形式。节奏变化的秩序、方向是多元化的，变化的周期是按一定的数理关系有秩序进行的。

（二）韵律

韵律指节奏运动性的变化。韵律是“运动的秩序”，是运动与秩序之间的关联。韵律与节奏一样，有内在秩序性，但变化的周期长短和变化元素的自由度的多样性是节奏所不能包括的。韵律的规律往往隐藏在内部，呈现出复杂的状态。它能将重复节奏和渐变节奏自由交替，随着渐变与反复的安排，连续的动态就出现了，如渐进、重复、回旋、流动、疏密、方向等。由于它在节奏变换过程中的自由和灵活，能使自身表现出极强的个性，使作品富有情调性，反映出情感要求，所以它也是作品的生命和精神所在。

六、专题实训

（一）案例分析

描述：学生在操作过程中在妆面画的线条从起点到终点力度一样并且太深太重。等画完后发现，妆面死板并且还比较脏。顾客觉得很别扭，好像没有美化面目，反而显得很丑了。

学生自己很惭愧，不知问题在哪？寻求老师的帮助。

分析与解决：首先在妆面确定妆形位置和方向时，要用小号笔完成，并且线条从中间分别往两边画，画的长度要短于设计的长度，然后再用干净笔将两边晕染虚些。这样就可以使妆面线条比较虚实自然。

（二）专题活动

学生利用周末时间在网络、图书馆等地方搜集有关用线造型的创意妆图片资料。分析后请回答以下问题：

（1）资料图片中妆面使用的线条有哪些直线、斜线、水平线、曲线？有什么样的美感？

（2）大多数创意妆面的线条使用的是哪种技法？

（3）线妆造型的色彩大多使用哪些色彩？有什么共同点？

（三）实践记录

请将你在本单元学习期间参加的各项专业实践活动情况记录在表1-4-3中。

表1-4-3 曲线妆形设计课外实训记录表

服务对象	时间	工作场所	工作内容	服务对象反馈

单元二　点妆妆形设计

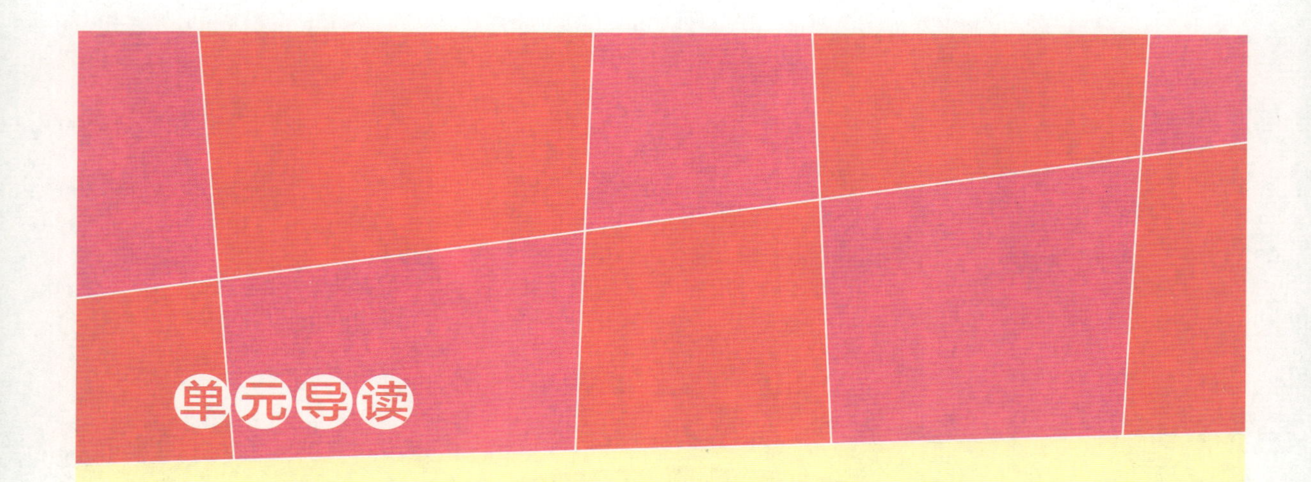

内容介绍

“点”是艺术设计中的元素。运用点形状、排列等方式设计妆形是彩绘创意化妆最为常用的方式之一，它是通过对点的各种表现方法、装饰点缀的运用完成不同效果、不同主题的妆形设计，因此，完成一幅创意化妆作品，需要有多方面知识的积累。本单元要求掌握从构思、绘制效果图到实际操作成为妆形，完成彩绘创意化妆设计的学习过程。

单元目标

（1）能够叙述点妆妆形中点在妆面设计中的效果。

（2）能够掌握点在妆面中的位置、排列、分布及组合适合于面部结构特征。

（3）能够掌握点的排列形式、组合方法、用色技法。

（4）理解点在妆面中的作用，学会运用点来衬托、点缀、装饰妆面。

（5）通过运用点的设计来表现妆面，提高学生的创意能力。

（6）能够运用不同的点来设计并绘制完成点妆妆形的效果图。

（7）根据设计思路使用各种化妆技法，完成真人模特面部点妆妆形的操作。

点妆妆形设计效果图

项目导读

彩绘创意化妆设计中涉及各种类型的题材，其中点的应用居多。当我们深入了解点的内涵、挖掘它的意义时会发现，看似微小而单纯的点，组合运用好会产生很多不同风格、不同特点的妆面效果。因此，本项目要求学习理解点的概念，掌握点的应用条件，构思绘制完成效果图。

工作目标

(1) 能够叙述点妆妆形中不同形状的点运用于妆面设计的效果。

(2) 能够在妆面中学会点的组合、排列及用色的方法。

(3) 能够掌握妆面色彩的着色技法。

(4) 能够运用点衬托、点缀、装饰妆面。

(5) 能够设计构思完成点妆妆形，并绘制出点妆效果图。

一、知识准备

(一) 点妆妆形的概念

点妆是在妆面中应用不同形状的点，它是通过在眼部及面部完成点缀、装饰的化妆设计手段。这种妆形没有固定模式，是设计者以自己对点的理解和灵感创作而成，是从设计构思、绘制效果图到完成化妆操作的全过程。

(二) 点在妆面设计中的作用

点本身具有活跃、跳动的性格，在艺术设计中它可以单独造型，也可以作为装饰、点缀。在彩绘创意化妆中，点的应用能够丰富妆形效果，使妆面更具活泼、生动感。

（三）点在妆面中的应用

首先是学习理解点的各种表现方式所产生的美感。其次是根据自己的理解进行构思，以眼部位置为中心，围绕眼形进行点的排列与布局，也可以在额头或脸颊上点缀、布局、组合图形。

1. 点的表现方式：单点、集合点

（1）单点：能够独立明显存在视觉形象的点。可单独使用也可组合使用，可以是规则的也可以是自由变化的。在设计中运用最多的是圆点，可以静中求动，起到适当补充、点缀妆面的作用。

（2）集合点：用多种点的组合方式排列起来的效果。点的大小要适合面部空间。可以运用大小不同的点进行组合排列。排列过多过大的点则会成为面的效果。

2. 点的排列方法（如图2-1-1～图2-1-4所示）

渐变式排列：多个点排成一条线——直线、弧线或斜线。

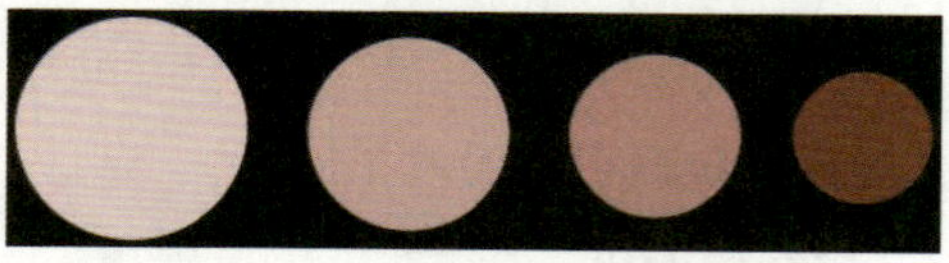

(a) 　(b)

图2-1-1　渐变式排列

节奏式排列：大小不同的点可排列成有节奏感的——线、弧线或斜线。

(a) 　(b)

图2-1-2　节奏式排列

散落自由式组合：散落后自然形成有疏有密的点的排列效果。点的密集处有重叠，可以有大小不同的点，能体现出疏密自然的画面效果。

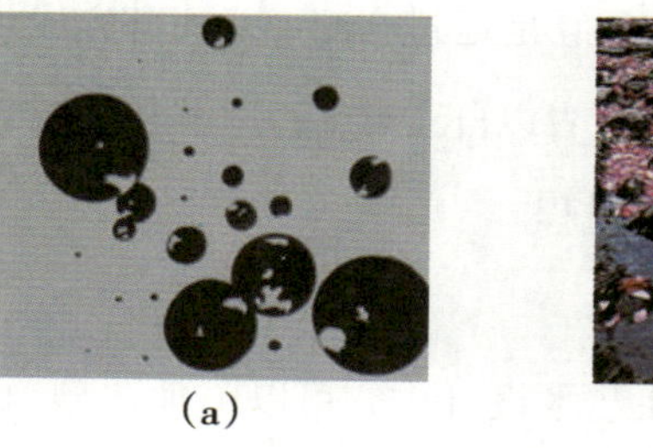

(a) 　(b)

图2-1-3　散落自由式结合

放射点：按大小渐变顺序，向四周放射形排列组成点的图形。

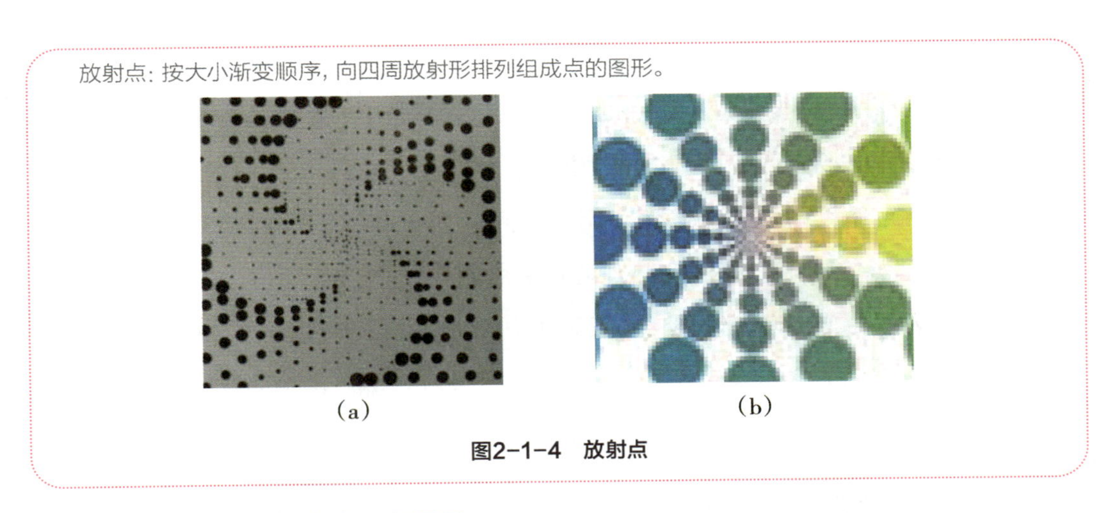

(a)　(b)

图2-1-4　放射点

（四）绘制点妆设计效果图用具

事先画出面部图稿，复印多份待用。简单的点组合的图形资料（或制作一些形状点的模板）、彩色铅笔、橡皮、转笔刀。（如图2-1-5所示）

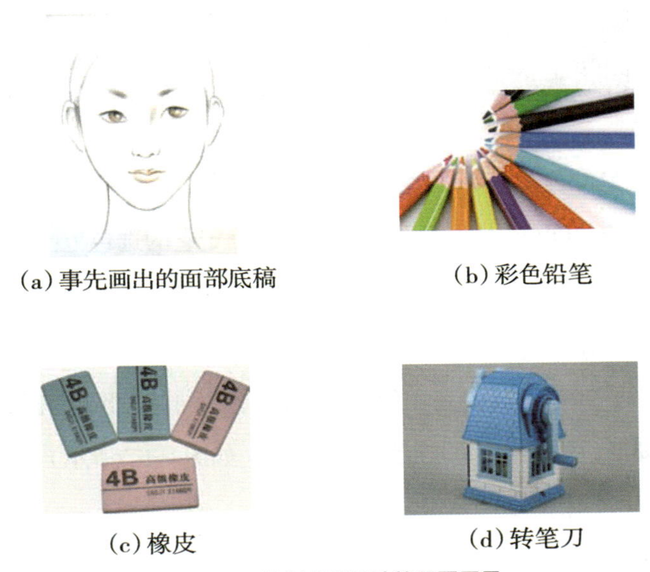

(a)事先画出的面部底稿　(b)彩色铅笔

(c)橡皮　(d)转笔刀

图2-1-5　绘制点妆设计效果图用具

（五）点妆妆形的配色知识

点的应用一般在妆面中起到装饰、点缀作用。因此，在妆面中点过多时，用色不宜过于抢眼，对小面积点的色彩可以突出、鲜亮一些。但要控制好妆面的色调，理解妆面主体色的作用。

1. 妆面设计的色调

在妆面色彩搭配中，要处理好色彩的主次关系。通常采用的是以一个基本色为主调的原则，把其余多种色彩统一在一个整体色调内。

色调有多种：冷色调、暖色调、灰色调、黄色调、紫色调、亮色调、暗色调等。色调要依妆面的主题风格来确定。如喜庆、热烈的效果常常选用暖色调；平静、肃穆的场面常常选用冷色调；表达甜美、典雅的风格，一般采用中性明度的色调，如橙色、淡绿色、淡黄色等；表达欢乐、活泼、明快的主题，往往选用亮色调；表达含蓄、深沉的题材，则采用暗色调。下面红色调与紫色调所产生的妆面气氛就不同。（如图2-1-6所示）

图2-1-6 妆面设计的色调

2. 妆面色彩的分配与定位

妆面色彩的选色与配色，是根据妆面的色调来确定它的选色范围和种类。妆面一般不超过三种色相。妆面色彩应用过多，会感觉杂乱。在确定用色种类后，合理分配色彩的层次和比例，并要考虑妆面色彩与服装、服饰的呼应与协调。

（1）主体色，即主体形象色，在一组色彩中，位置处于最明显、面积较大、有影响力、能够在画面中直接表达主题作用的颜色是主体色。（如图2-1-7所示）

图2-1-7 主体色

主体色的作用：能使画面以实胜虚，以前压后，因明度高而突出，因纯度强而明显。

主体色的应用：一般在妆面的粉底色多为主体色，用面积大小确定主体色（一般占妆面面积的1/2左右）。主体色一般为一个色或两个相邻色形成的调子。

（2）陪衬色在一定意义上是一种过渡色，是协调主宾关系的色彩。（如图2–1–8所示）

图2-1-8　陪衬色

陪衬色的作用：烘托主体，丰富层次，起衬托和陪衬的作用。

陪衬色的应用：调节妆形色彩的过渡和间隔。用于加强妆面造型结构、色彩层次感与对比度。妆面中的陪衬色，可以是一个色，也可以是两个色，最多为三个色。

（3）点缀色在画面中属于少而精的色彩，通常配以纯度较高、明度较高、醒目的色彩。是彩绘化妆中的精彩部位和协调的亮点。（如图2–1–9所示）

图2-1-9　点缀色

点缀色的作用：调节色彩活力，在妆色中起到画龙点睛的作用。

点缀色的应用：在一般妆面中是可有可无的色彩，妆面需要点缀时，就可用鲜明的色彩或突出的色彩点缀妆面。

在理解妆面色彩应用的方法后，就可以根据自己的喜好，按照色彩运用的规律，选择搭配色彩。

（六）点妆妆形的基本要求

要想完成一幅主题鲜明、形象活泼的妆形设计作品，需要完成以下五个方面的工作：

（1）在设计中完成点的形状、排列、布局，并能衬托出妆面、眼形、眉形的美感。

（2）妆面中点的组合要疏密得当、松紧适宜、排列舒展、位置合适。

（3）妆面色彩有主有次，色调统一。

（4）点的表现自然、精致，着色均匀。

（5）根据构思要求完成妆面设计作品的效果图。

二、工作过程

（一）工作标准（如表2-1-1所示）

表2-1-1 工作标准

内容	标准
准备工作	工作区域干净整齐，工具齐全，码放整齐，仪器设备安装正确，个人卫生仪表符合工作要求
操作步骤	能够独立对照操作标准，使用准确的技法，按照规范的操作步骤完成实际操作
操作时间	在规定时间内完成项目
操作标准	妆形中的点造型统一、排列活泼有序、组合疏密得当，完成妆形效果图
	能够与眼形结构、眉形结构排列自然，装饰优美，点缀得当
	绘制效果图的画面干净，用色既统一完整，又活泼自然
	妆面重点突出，主次分明
整理工作	工作区域干净整洁、无死角，工具仪器消毒到位，收放整齐

（二）关键技能

1. 点的着色方法（如图2-1-10～图2-1-12所示）

（1）平涂表现法。

用勾线笔将点的轮廓勾画完成，再将空白内填满色。

图2-1-10 平涂表现法

（2）晕染表现法。

①用勾线笔将点的轮廓勾画完成。

②用小号笔从点的一边涂深蓝色至中间后收笔。

③从点的相反方向用另一支笔蘸浅蓝色或浅绿等浅色从边缘向中间染色。

④将中间两个颜色衔接。

图2-1-11 晕染表现法

（3）立体表现法。

①用勾线笔将点的轮廓勾画完成。

②将点轮廓的色向中间晕色，中心部位留白。

③若中心部位白的不够，还可以再用白色填充。

图2-1-12　立体表现法

（三）操作流程

点妆造形效果图绘制步骤如下：

1. 课前欣赏（如图2-1-13所示）

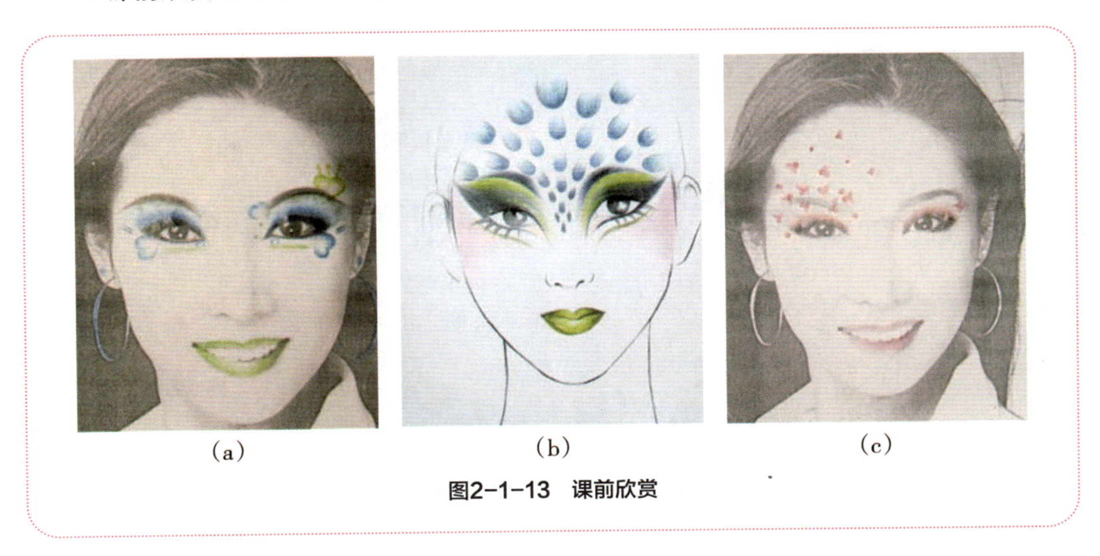

（a）　（b）　（c）

图2-1-13　课前欣赏

2. 课前准备的用具

（1）头像模板和简单点形模板。

（2）绘画工具：彩色铅笔（24色）、转笔刀、橡皮。

（3）化妆品：眼影、腮红。

3. 操作程序（如图2–1–14～图2–1–23所示）

（1）准备面部底稿。

为了设计方便，事先画出一张面部头像。

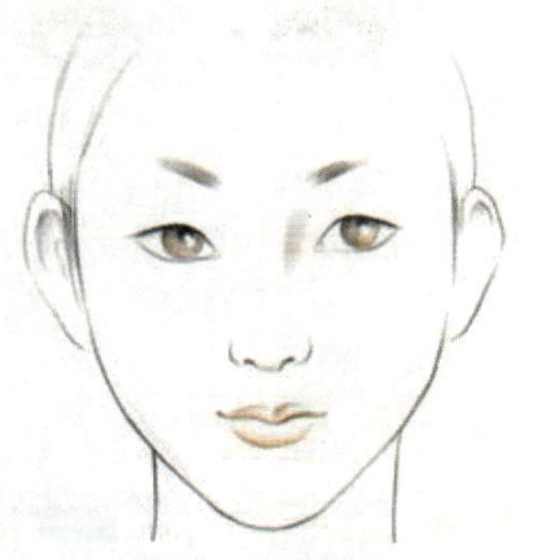

图2–1–14 准备面部底稿

（2）妆面设计点妆图形。

①确定点的装饰位置：由鼻梁部位到额头、两鬓位置。

②用选好的彩色铅笔画出点的排列，要求由小到大、由紧到松，放射形排列。

提示：注意眉骨至眼睛部位要留空。

图2–1–15 妆面设计点妆图形

（3）确定眼形。

根据点的图形形成的动感，夸张眼形。外眼角向斜上方延伸，内眼角向斜下方延长，形成面部两边图形的界线，使妆面图形有疏有密。

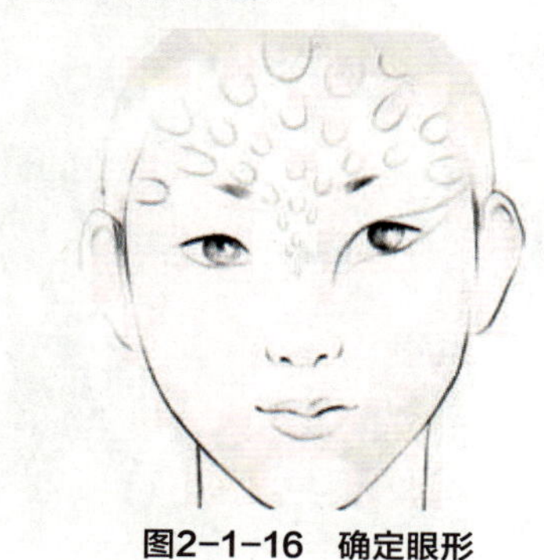

图2–1–16 确定眼形

（4）完成眼形对称效果。

① 根据妆面图形完成眼形及眉形的对称。

②眉毛的形状与眼形组成一个完整造型。

③眉毛位置画在眉头和眼窝的分界线处。

提示：内眼角的眼线要画流畅，虚实得当。

图2–1–17 完成眼形对称效果

（5）画眼影。

①眼影用两色晕染衔接，眼帘尾色深，头色浅。

②眼帘尾部的眼影要画在眼形范围内。

提示：两色眼影要突出色彩的层次感，前后色彩衔接自然，眉骨下边缘眼影用色要浅。

图2–1–18 画眼影

(6) 完成眼影的对称。

将眼影色延长至鼻侧部位，突出鼻梁的高度。
提示：内眼角的颜色可以用白色或浅色亮色。两只眼睛的眼影深浅、范围和颜色的衔接自然。用金色与褐色过渡，或用银色与黑色过渡。

图2-1-19　完成眼影的对称

(7) 装饰点的着色。

①选择同色系的三个深浅色：深蓝、海蓝、湖蓝。
②将点的图形由深到浅地过渡。小点着深蓝色，中间点着海蓝，大点着湖蓝色。
③点的着色方法应用的是晕染法，即下深上浅。
④强调点的下缘轮廓清晰，颜色较深，上缘颜色虚而淡。
提示：小点深色突出明显，点越大，晕染过后效果越清晰，甚至可以留空白色。这样就会增强图形的层次感和空间感。

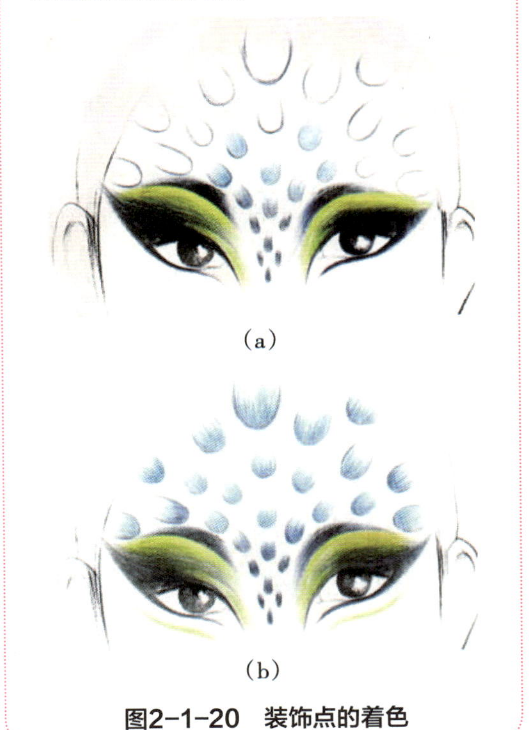

(a)

(b)

图2-1-20　装饰点的着色

(8) 强调下眼装饰线、画腮红。

①妆面中下眼线部位层次比较单调，因此加画一条线。以这条线为界向下画腮红。腮红面积可以延长至耳部发根处。
②腮红颜色的选择不要过于淡，可以用粉红色的眼影粉将两侧腮红画均匀，表达出妆面的整体气氛。

图2-1-21　强调下眼装饰线、画腮红

(9) 画眼睫毛。

①设计假眼睫毛：夸张的妆形必然要有夸张的假眼睫毛，而且要压得住眼形并适合眼形，形成完美的整体效果。
②在效果图上，眼睛上眼线、眼影都画得较重，所以下眼睫毛要画长些，起到强调眼妆的作用。

图2-1-22　画眼睫毛

（10）画唇色。

用金黄色将嘴的中部涂均匀，再用黑色将唇边缘和唇缝勾画清晰，与黄色衔接。
提示：妆面中的唇色一般起两个作用，其一是点缀作用，运用最鲜明的、突出的色彩，使妆面更加亮丽；其二是淡化作用，能融入妆面整体色调之中，把视线转移到妆面的精彩部位。

图2-1-23 画唇色

三、学生实践

活动方式：应用点的组合装饰妆面，完成点妆造形的效果图。

（一）设计之前要做的事

（1）理解如何应用点的大小、方向、排列、组合等形式完成妆面设计。

（2）用具准备齐全，彩色铅笔修尖后开始绘制点妆效果图。

（二）妆形设计中点应用的色彩配色注意事项

（1）妆色：色调要统一，要简单明快，但颜色深浅要有变化。面部不超过三种颜色。尽量以一色为主，要注意在明暗中加强层次感。

（2）妆形：在妆面中根据妆形的需要，点的形状要统一，大小排列要有美感，绘画要细致。可以与线相结合应用，夸张眼形，与点组合紧凑协调，妆形才能达到理想的效果。

在妆面中可以用不同形状的点进行装饰，如：圆形点、水滴形点、方形点、几何形点、不规则形点等。但在一个妆面中，要有统一的妆面效果。因此，要求用一种类型的点来表现妆面的图形，以保证妆面风格的统一与协调性。

（三）效果图绘制中容易出现的问题

（1）点的排列松散，过于均等死板。

（2）点的形状不够美观，装饰的位置不协调。

（3）妆面设计图形过疏或过密。

（4）点的图形颜色选择与妆面不和谐。

我在绘制效果图的过程中遇到的问题是：____________________。

我感觉自己设计的优点是：____________________。

我的设计感觉不足的是：____________________。

四、检测评价

本项目的学习已经完成，根据作品的完成效果，检验所学知识的掌握情况。点妆妆形设计效果图检测评价表如表2–1–2所示，请在相应的位置画“√”，将理解正确的内容写在相应的位置。

表2–1–2　点妆妆形设计效果图检测评价表

评价内容	评价标准			评价等级
	A（优秀）	B（良好）	C（及格）	
准备工作	工作区域干净整齐，工具齐全，码放整齐，仪器设备安装正确，个人卫生仪表符合工作要求	工作区域干净整齐，工具齐全，码放比较整齐，仪器设备安装正确，个人卫生仪表符合工作要求	工作区域比较干净整齐，工具不齐全，码放不够整齐，仪器设备安装正确，个人卫生仪表符合工作要求	A B C
操作步骤	能够独立按照设计原则，使用准确的表现技法完成彩绘效果图的绘制	能够比较独立地按照设计原则，使用较准确的表现技法完成彩绘效果图的绘制	能够在老师的帮助下使用较准确的表现技法完成彩绘效果图的绘制	A B C
操作时间	规定时间内完成项目	规定时间内在同伴的协助下完成项目	规定时间内在老师的帮助下完成项目	A B C
操作标准	妆形的点造型统一，排列活泼，装饰得当、美观	妆形的点在造型上比较统一，排列较为活泼，装饰比较得当	妆形的点造型不统一，装饰不得当	A B C

续表

评价内容	评价标准			评价等级
	A（优秀）	B（良好）	C（及格）	
操作标准	能够独自将妆面中装饰点的形状绘画美观，排列得当，组合成协调的图形	能够独自将妆面中装饰点的形状绘画得比较美观，排列得比较得当，基本能够组合成适合妆面的图形	能够在老师的帮助下完成妆面中点的排列、装饰，并组合成图形	A B C
	能够独自按照点妆造型的风格特点完成着色，妆面效果层次清晰，主次分明	能够独自按照点妆造型的风格特点完成着色，妆面效果层次比较清晰、有主次	在老师的帮助下完成点的着色技法。在老师的指导下完成妆面配色	A B C
	独自完成点妆效果图的绘画。画面细致，色彩搭配协调、自然	在老师的指导下完成点妆效果图的绘画。画面比较细致，色彩搭配比较协调	在老师的帮助下设计完成点妆效果图。画面不够细致，色彩搭配不够协调	A B C
整理工作	工作区域干净整洁、无死角，工具仪器消毒到位，收放整齐	工作区域干净整洁无死角，工具仪器消毒到位，收放整齐	工作区域较凌乱，工具仪器消毒到位，收放不整齐	A B C
学生反思				

五、知识链接

艺术风格

艺术风格可分为艺术家风格和艺术作品风格两种。由于艺术家的世界观、生活经历、性格气质、文化教养、艺术才能、审美情趣不同，因而有着各不相同的艺术特色和创作个性，形成各不相同的艺术风格。艺术作品的风格是作品在内容与形式的和谐统一中所展现出的总的思想倾向和艺术特色，集中体现在主题的提炼、题材的选择、形象的塑造、体裁的驾驭、艺术语言和艺术手法的运用等方面。它有时指某一艺术作品的风格，有时指一系列艺术作品所表现出来的总的格调。艺术家风格和艺术作品风格有着不可分割的密切关系。艺术家风格并非抽象、空洞的存在，而要具体落实到艺术作品上；艺术作品的风格也不是无源之水、无本之木，它直接根源于艺术家的风格。

风格是设计作品在整体上呈现出来的具有代表性的独特面貌。它不同于一般的艺术特色或创作个性，它是通过艺术品表现出来的相对稳定、更为内在，也更为本质的能反映出时代、民族或艺术家个人的审美理想、精神气质等内在特性的外部印记。风格的形成是时代、民族或艺术家在艺术上达到成熟的标志。

艺术风格具有多样化和同一性的特征。一方面，现实世界本身的多样性、艺术家各不相同的创作个性以及欣赏者审美需要的多样性，决定了美术风格的多样化。即使同一艺术家的作品，也不排除具有多样风格的可能。正是风格的多样化，极大地促进了美术的繁荣和发展。另一方面，艺术家之间的风格区别也不能不受到他们共同生活的某一时代、民族，甚至阶级的审美需要和艺术发展的制约，从而显示了风格上的某种同一性。即使同一艺术家的多种风格，也会由于其创作个性的制约而在整体上呈现出一种占主导地位的风格特征。正是这种风格的相对同一性，决定了美术发展的历史性和逻辑性。

项目二 点妆妆形实操训练

项目导读

点妆妆形在妆形设计中能够表达冷酷、率直的妆面风格。不同方向的点还有不一样的妆面效果，不同表现的方法也有不同的感觉。所以学习理解点的基本特性是创作的基础，掌握点的表现方法、技巧是完成点妆妆形设计效果图的重点。

工作目标

(1) 能够根据点的特性叙述点妆妆形设计的妆面效果。

(2) 能够根据点的大小、形状，学会在妆面中进行排列、组合。

(3) 能够学会点在妆面上的用色方法。

(4) 能够学会运用点衬托、点缀、装饰妆面。

(5) 能够设计构思完成点妆妆形，并绘制出创意妆形画稿。

一、知识准备

(一) 点妆实际操作的手法

点妆操作方法有三种：

1. 单线勾画法

用眼线笔或勾线笔画出点的形状，然后涂色。

2. 点画法

用相应形状的笔直接在妆面上点出形状。这种点可以是不规则的，或能体现出不同的笔触效果。

3. 实物粘贴法

选择合适的点形装饰物用睫毛胶粘贴。这样的效果立体而有质感。粘贴实物装饰要注意其大小、薄厚能否粘贴牢固，并且不宜过于醒目。只要衬托、点缀一下妆面就可以。

(二) 在妆面上画点的技巧

(1) 在操作过程中，画点的时候，若大一些的点，就可以用白色的眼线笔画出形状(因为白色在面部容易擦拭、修改)，在填色时要注意握笔的姿势、笔尖落笔的方向。若握笔姿势正确，则会一笔成型。因此，完成一个好的作品，需要有几方面的因素。可以用油彩，也可以用眼影粉。

(2) 画小一些的点时，就用油彩颜料，颜色比较鲜亮。也可以用各种颜色的眼线笔。如果妆面上有大大小小点的渐变效果，也只能用一种性质的材料。如：油性的、粉状的。妆面不能同时用油性和粉状两种材料，否则妆面的调子就不一样。

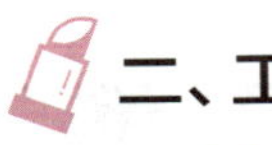

二、工作过程

(一) 工作标准(如表2-2-1所示)

表2-2-1　工作标准

内　容	标　准
准备工作	工作区域干净整齐，工具齐全，码放整齐，仪器设备安装正确，个人卫生仪表符合工作要求
操作步骤	能够独立对照操作标准，使用准确的技法，按照规范的操作步骤完成实际操作
操作时间	在规定时间内完成项目
操作标准	妆形中的点造型统一，排列活泼有序，组合疏密得当，完成妆形效果图
	能够与眼形结构、眉形结构排列自然、装饰优美、点缀得当
	绘制效果图的画面干净，用色既统一完整，又活泼自然
	妆面重点突出，主次分明
操作标准	工作区域干净整洁、无死角，工具仪器消毒到位，收放整齐

(二) 关键技能

点妆妆形中点的描画技法(如图2-2-1~图2-2-2所示)

(1)确定妆形中点的位置。

①用黑色或深蓝色的眼线笔从鼻梁开始。

②点的方向呈放射状，点的尾部不收口，留出晕色的空隙。

提示：点的分布在额头，由小到大穿插排列画出点的位置，下至眉毛位置，最小的点在鼻梁位置。从眉心部位的点开始排列紧密，至额头点形画大，排列变疏。

(a)

(b)

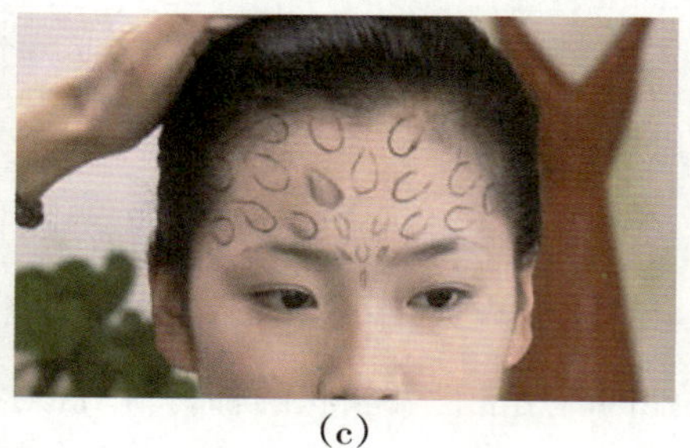

(c)

图2-2-1 确定妆形中点的位置

(2)点的涂色。

①先从小点开始画。可以直接用黑色上色。

②将眉头以上点的下端用深色填三分之一，留白以备晕色。

③用蓝色接上黑色画出渐变效果，点的尾部依然留白。

④用白色或者银色的笔填色扫尾。

提示：点的色彩运用黑、蓝、白三色完成深浅过渡的效果。

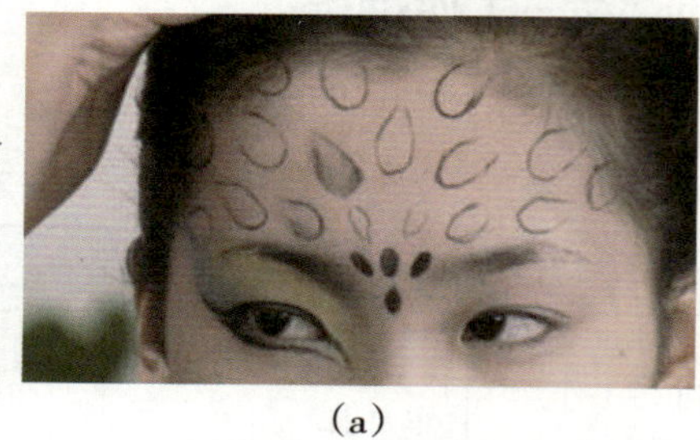

(a)

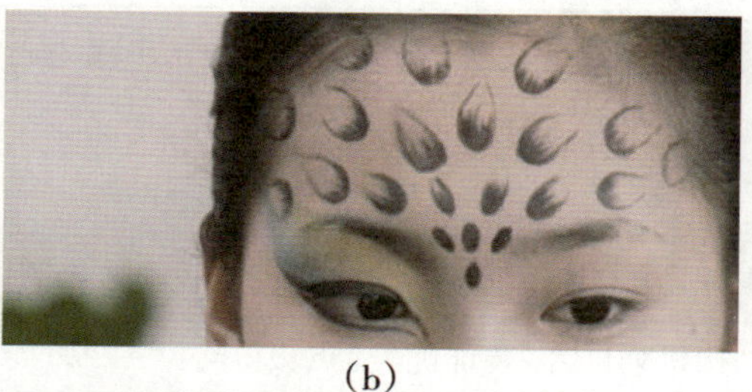

(b)

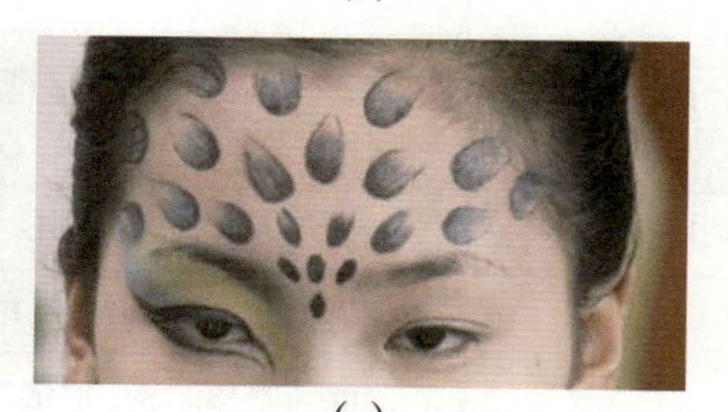

(c)

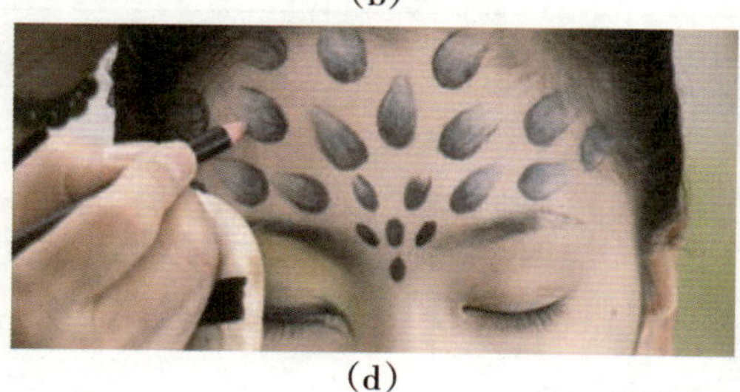

(d)

(e)

图2-2-2 点的涂色

（三）操作流程

1. 化妆用品的准备

化妆用品：修眉刀、粉底液和粉底霜、珠光眼影板、眼线膏和勾线笔、睫毛夹、假睫毛和睫毛胶、口红或唇彩、定妆粉、干湿粉扑、腮红、眉笔、油彩颜料、卸妆油、洗面奶、卸妆棉、面巾纸等。

2. 化妆操作程序（如图2-2-3～图2-2-14所示）

（1）打粉底。

①根据模特的肤色选择适合的粉底霜。

②先用接近肤色的粉底霜打第一层，将妆面各个部位打均匀。

③再用白色粉底膏将额头、鼻梁、眼睛至鼻翼的三角区、下巴颏部位涂均匀。

提示：打粉底前，将头发向后梳理整齐，眉毛修理整齐干净。

图2-2-3　打粉底

（2）定妆。

①使用适合面部深浅的定妆粉。将各个部位按压定实。

②用咖啡色双修粉完成脸部轮廓操作。

图2-2-4　定妆

（3）确定妆形中点的位置。

①用黑色或深蓝色的眼线笔从鼻梁开始。

②点的方向呈放射状，点的尾部不收口，留出晕色的空隙。

提示：点的分布在额头，由小到大穿插排列画出点的位置，下至眉毛位置，最小的点在鼻梁位置。从眉心部位的点开始排列紧密，至额头点形画大，排列变疏。

（a）

（b）

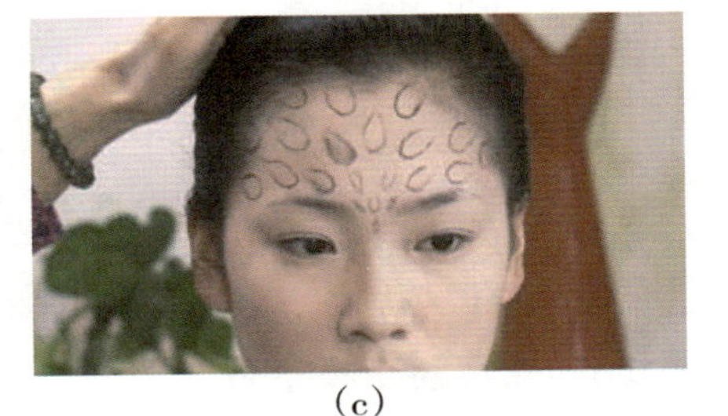

（c）

图2-2-5　确定妆形中点的位置

（4）画眼形。

①外眼角上提，画粗，再拉长。上眼线的斜度要尽量能包住两侧点的轮廓。内眼角向下延长，注意眼线不要画得过粗。

②下眼线外眼角与上眼线连接。内眼角向下延长。

提示：注意外眼角下眼线不要超过上眼线长度。让模特睁眼，观察上眼线画得是否流畅、均匀。

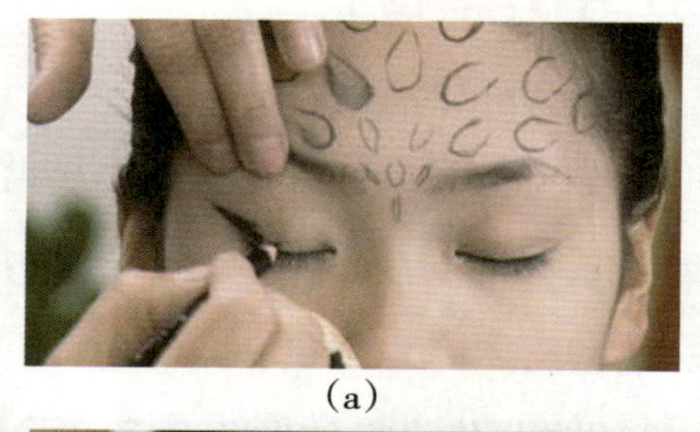

(a)

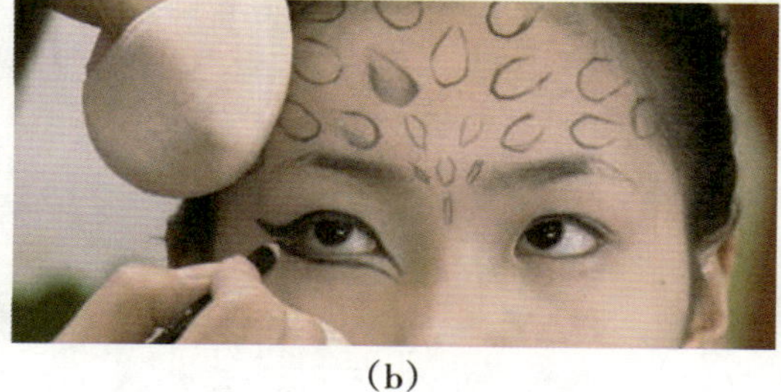

(b)

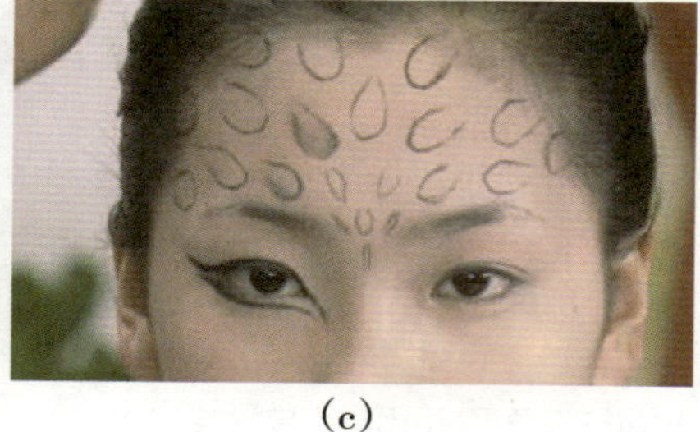

(c)

图2-2-6 画眼形

（5）画眼影。

①在画眼影前先将上眼帘部位铺一层白色眼影粉底色。

②上眼帘：按照眼线的位置，用两色完成眼影。从外眼角至眼根部用中号眼影刷蘸深蓝色眼影晕染，内眼角用黄色晕染，与蓝色衔接。

③下眼帘：用同色眼影将下眼线部位横扫一遍。再用白色眼影提亮。

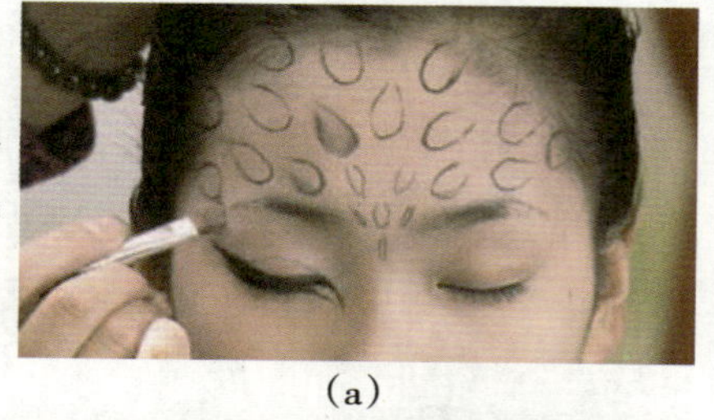

(a)

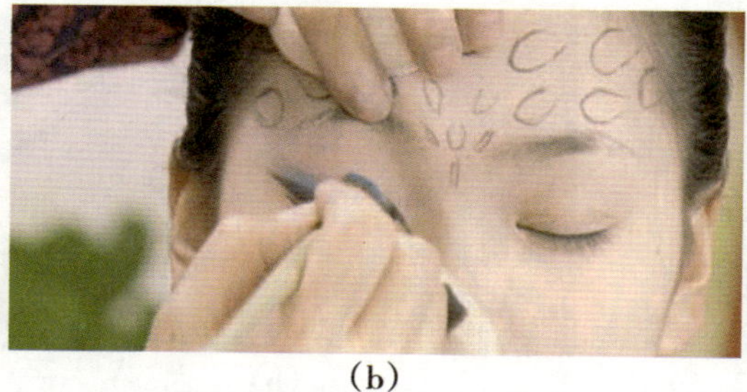

(b)

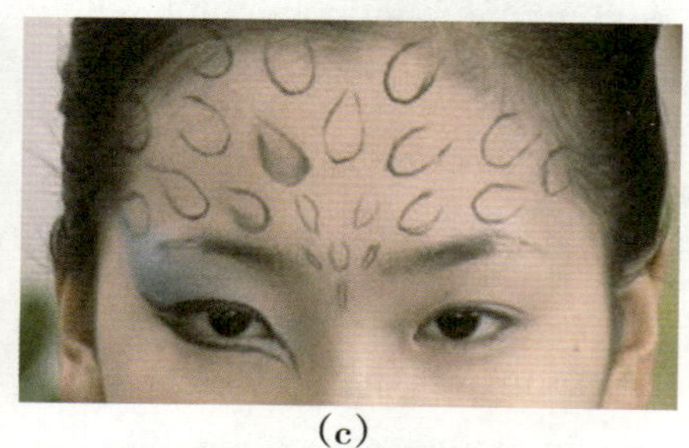

(c)

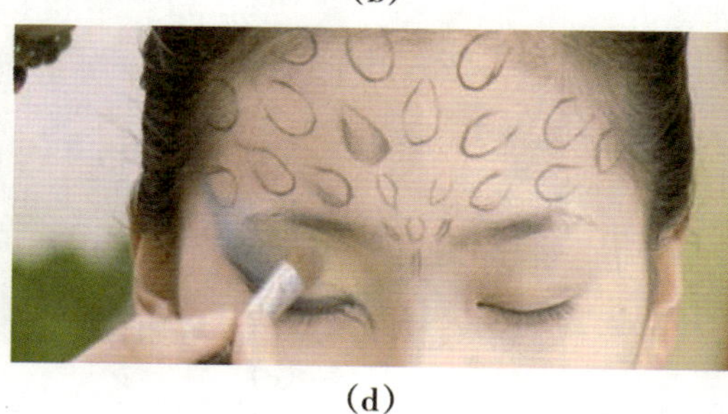

(d)

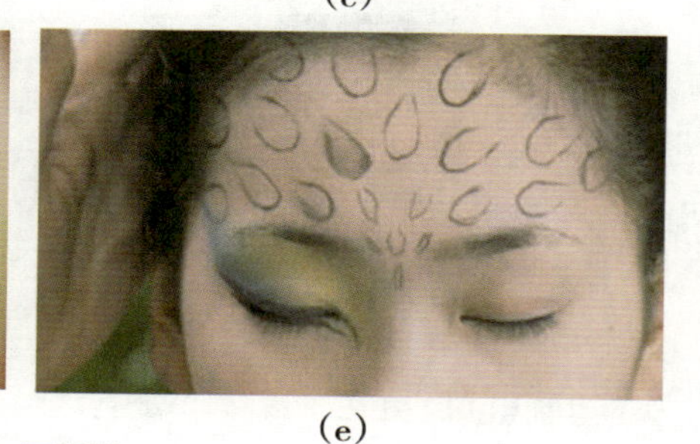

(e)

图2-2-7 画眼影

(6)画眉头及鼻侧影。

①用眉笔将眉头部位下压，眉尾画虚至眉峰处消失。

②从眉头向下晕染出鼻侧影。

提示：眉头颜色选择较冷的褐色和灰蓝色，鼻侧部位直接用眉头色晕接。

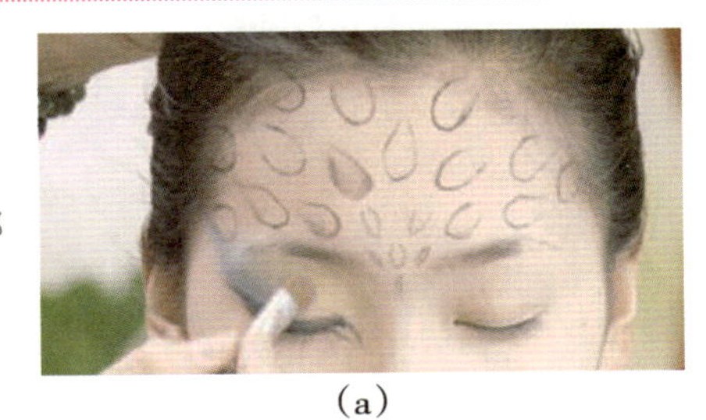

(a)

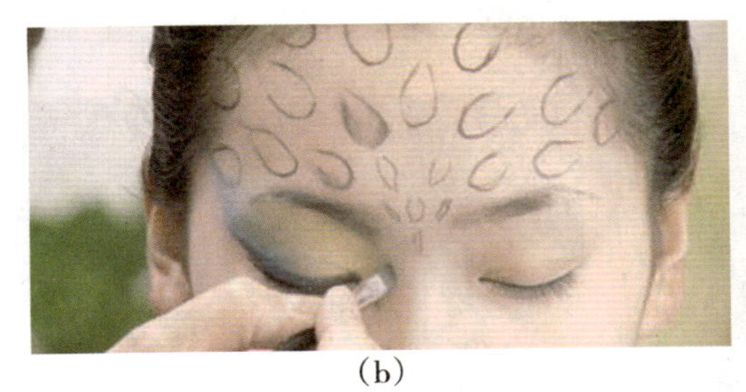

(b)

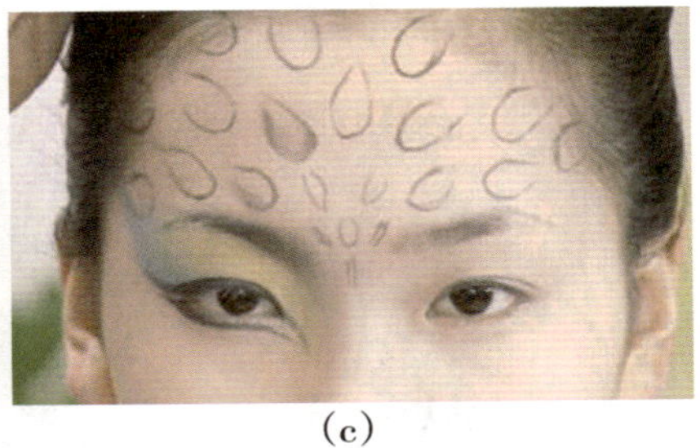

(c)

图2-2-8　画眉头及鼻侧影

(7)点的涂色。

①先从小点开始画，可以直接用黑色上色。

②将眉头以上点的下端用深色填三分之一，留白以备晕色。

③用蓝色接上黑色画出渐变效果，点的尾部依然留白。

④用白色或者银色的笔填色扫尾。

提示：点的色彩运用黑、蓝、白三色完成深浅过渡的效果。

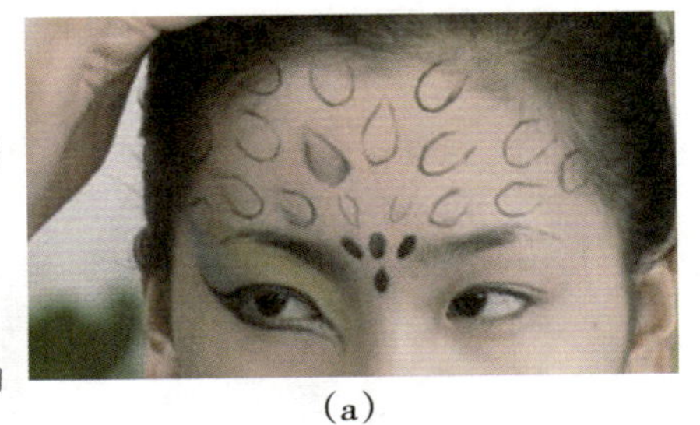

(a)

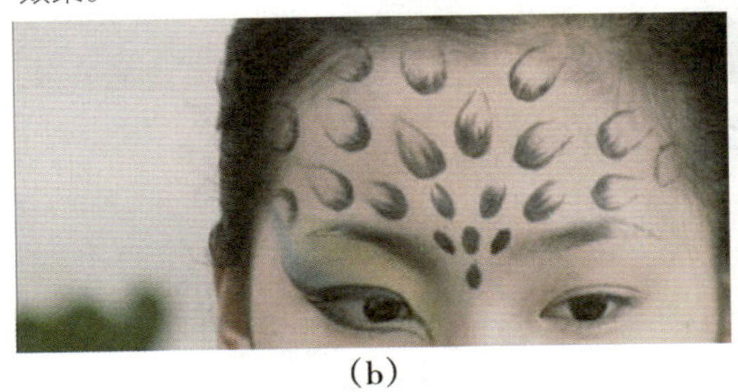

(b)

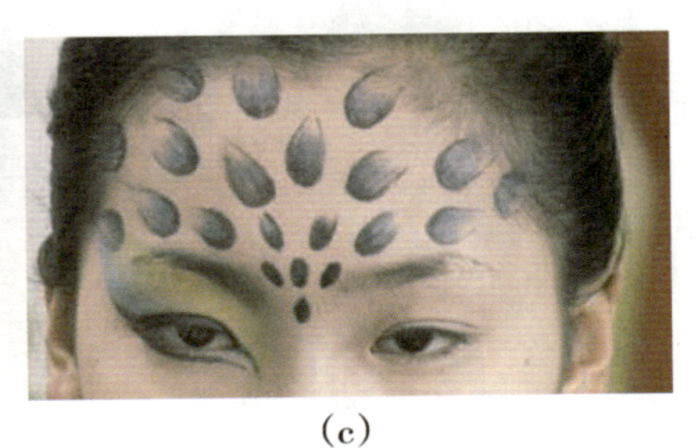

(c)

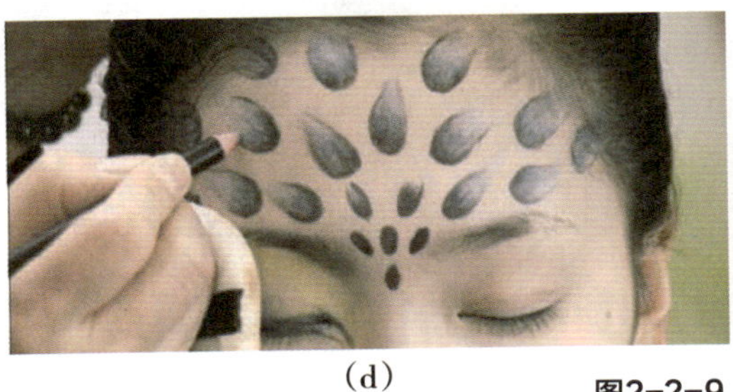

(d)

(e)

图2-2-9　点的涂色

（8）装饰下眼帘。

①用金黄色眼线笔沿着眼形画一条与下眼线相平行的线。两头虚，中间实。

②在线条与下眼线之间加上白色。

③在黄线上涂上适当白色提亮。

④用同样的方法，将右眼妆操作完成。

提示：由于上眼睫毛过于夸张，下眼线会很空，因此用眼线笔画出下眼睫毛，使妆面更加协调。

（a）

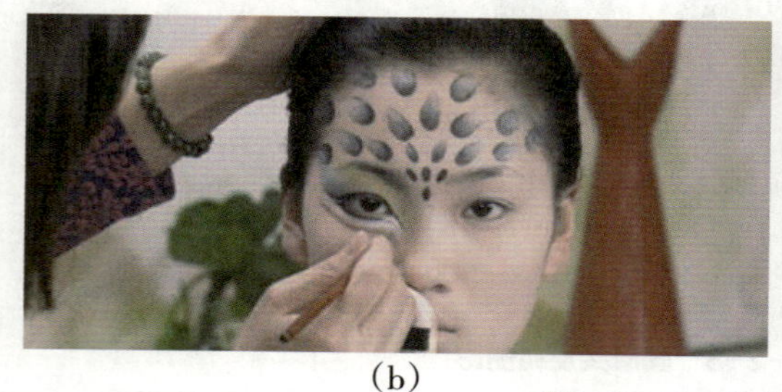

（b）

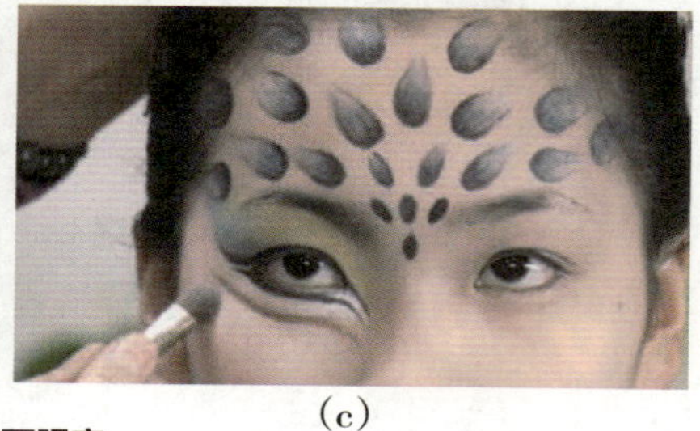

（c）

图2-2-10　装饰下眼帘

（9）画腮红。

腮红部位可以化得浓艳些，颜色的选择要适合妆面色彩。

（a）

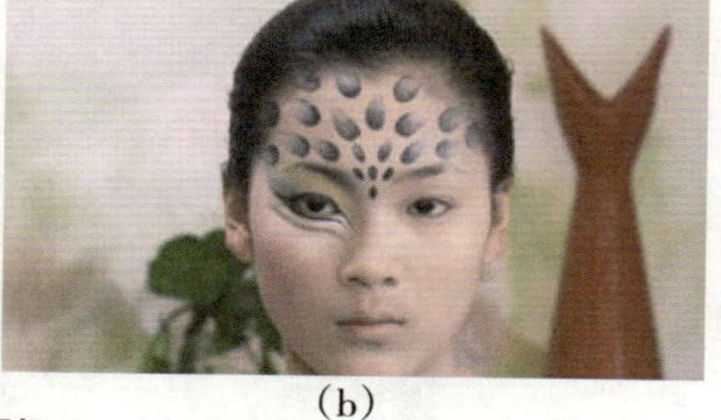

（b）

图2-2-11　画腮红

（10）粘眼睫毛。

①量好假睫毛的长度，将多余的剪掉。

②涂上睫毛胶，停留10秒钟左右。

③将假睫毛粘在上眼线眼根部位，将其压牢固。

提示：选择又长又浓密的假眼睫毛，可以有点金色的装饰。

（a）

（b）

图2-2-12　粘眼睫毛

（11）画唇色。

①用勾线笔蘸黄色油彩画出唇形轮廓。

②将唇形填色。

③在嘴角处用金色油彩涂色，与黄色晕接，强调唇的凹凸感。

④用中号笔刷蘸金色亮粉涂在唇的中部。

提示：画唇色时使用深浅两种色完成。

(a)　(b)　(c)　(d)

图2-2-13　画唇色

（12）整理妆面。

观察妆面妆色中有不到位的地方，适当补妆。

图2-2-14　整理妆面

三、学生实践

活动方式：点妆实操训练——按照绘制的点妆效果图，完成实际操作真人模特的化妆。

（一）操作之前要做的事

（1）分组：两人一组，其中一人准备用具；另一人清洗面部，擦护肤用品。

（2）把化妆品摆放整齐，把设计效果图贴在镜子上。

（3）修眉：重点将眉毛尾部修理整齐。

（4）观察模特的面部结构，分析是否适合所设计的妆形操作。若难度较大，可以对妆形设计稍加修整。

（5）观察模特的肤色，分析所适合的妆面色调。

（二）操作中会出现的问题

（1）眼影操作中颜色相互衔接不均匀。

（2）画眼线时不整齐、不流畅。

（3）点在妆面装饰的位置及组合容易松散、死板。

（4）眉头与鼻侧影衔接虚实不自然。

（5）内外眼角的眼线虚实不容易把控。

（三）操作中的注意事项

（1）画眼线时一定要将眼线笔修尖修好，或者用最小号的彩绘勾线笔画。

（2）点妆中的眉形画得不要过于标准化，一般将重点放在眉头位置，与眼窝、鼻梁自然衔接，并强调出结构线。因此眉头与鼻侧影的晕色很重要。

（3）根据脸形及妆形的要求，灵活调整打腮红或轮廓色的浓淡和位置。

我在操作中遇到的问题是：______________________________。

我感觉自己画的妆形优点是：______________________________。

我感觉自己画的妆形不足的是：______________________________。

四、检测评价

本项目的学习已经完成，根据作品的完成效果，检验所学知识的掌握情况。点妆妆形实操训练检测评价表如表2-2-2所示，请在相应的位置画“√”，将理解正确的内容写在相应的位置。

表2-2-2　点妆状形实操训练检测评价表

评价内容	评价标准			评价等级
	A（优秀）	B（良好）	C（及格）	
准备工作	工作区域干净整齐，工具齐全，码放整齐，仪器设备安装正确，个人卫生仪表符合工作要求	工作区域干净整齐，工具齐全，码放比较整齐，仪器设备安装正确，个人卫生仪表符合工作要求	工作区域比较干净整齐，工具不齐全，码放不够整齐，仪器设备安装正确，个人卫生仪表符合工作要求	A B C
操作步骤	能够独立按照点妆效果图操作标准，使用准确的技法，按照规范步骤完成实际操作	能够独立按照点妆效果图操作标准，使用比较准确的技法，按照规范步骤完成实际操作	能够在老师的指导帮助下，按照点妆效果图操作标准，使用比较准确的技法，按照比较规范的步骤完成实际操作	A B C
操作时间	规定时间内完成项目	规定时间内在同伴的协助下完成项目	规定时间内在老师的帮助下完成项目	A B C
操作标准	能够独立操作，将点妆中的图形绘制得造型统一，形状整齐自然，妆面美观	能够与同伴协助操作，将点妆中的图形绘制的造型统一，形状比较整齐自然，妆面比较美观	能够在老师的帮助下将点妆中的图形绘制的造型统一，形状比较整齐，妆面效果较好	A B C
	能够独立操作，将点与眼形结构、眉形结构排列自然，点缀得当	能够与同伴合作操作，将点与眼形结构、眉形结构排列得比较自然，点缀得比较得当	能够在老师的帮助下将点与眼形结构、眉形结构排列、点缀	A B C
	妆面的操作效果干净，用色既统一完整，又活泼自然	妆面的操作效果比较干净，用色比较统一完整	妆面的操作效果：画面不干净，用色不够统一完整	A B C

续表

评价内容	评价标准			评价等级
	A（优秀）	B（良好）	C（及格）	
操作标准	妆面效果符合效果图	妆面效果比较符合效果图	妆面效果不符合效果图	A B C
	能够按照点妆的风格特点着色，符合妆面三色要求，主次分明	用色比较符合点妆的风格特点，基本符合妆面三色要求，比较有主次	在老师的帮助下知道点妆的风格特点，基本了解妆面三色要求，妆面色彩主次不清晰	A B C
整理工作	工作区域干净整洁、无死角，工具仪器消毒到位，收放整齐	工作区域干净 整洁、无死角，工具仪器消毒到位，收放整齐	工作区域较凌乱，工具仪器消毒到位，收放不整齐	A B C
学生反思				

五、知识链接

波普艺术风格

波普是流行艺术（Popular Art）的简称，又称新写实主义，因为波普艺术（Pop Art）的POP通常被视为“流行的、时髦的”（Popular）一词的缩写，所以，它代表着一种流行文化。这种艺术是在美国现代文明的影响下产生的一种国际性艺术运动，多以社会上流的

形象或戏剧中的偶然事件作为表现内容。它反映了第二次世界大战后成长起来的青年一代的社会与文化价值观，力求表现自我，追求标新立异的心理。

20世纪50年代初萌发于英国，50年代中期鼎盛于美国。波普为Popular的缩写，即流行艺术、通俗艺术。波普艺术一词最早出现于1952—1955年，在由伦敦当代艺术研究所的一批青年艺术家举行的独立者社团讨论会上首创，由批评家L·阿洛维酌定。他们认为，公众创造的都市文化是现代艺术创作的绝好材料，面对消费社会商业文明的冲击，艺术家不仅要正视它，而且应该成为通俗文化的歌手。美国波普艺术的出现略晚于英国，在艺术追求上继承了达达主义精神，作品中大量运用废弃物、商品招贴电影广告、各种报纸图片作拼贴组合，故又有新达达主义的称号。

美国波普艺术家声称他们所从事的大众化艺术与美洲的原始艺术和印第安人的艺术类似，是美国文化传统的延续和发展，1965年在密尔沃基艺术中心举办的一次波普艺术展览即以“波普艺术与美国传统”为题。美国波普艺术的开创者是J·约翰斯和R·劳申伯格，影响最大的艺术家是A·沃霍尔、J·戴恩、R·利希滕斯坦、C·奥尔登伯格、T·韦塞尔曼、J·罗森奎斯特和雕塑家G·西格尔。

玛丽莲·梦露的头像，是A·沃霍尔作品中一个最令人关注的母题。在他1967年所作的《玛丽莲·梦露》一画中，画家以那位不幸的好莱坞性感影星的头像作为画面的基本元素，一排排地重复排列。那色彩简单、整齐单调的一个个梦露头像，反映出现代商业化社会中人们无可奈何的空虚与迷惘。

波普艺术，也称为“流行艺术”，是以英国伦敦和美国的纽约为中心出现的一个艺术运动。

英国画家理查德·汉戴尔顿曾把波普艺术的特点归纳为普及的（为大众设计的）、短暂的（短期方案）、易忘的、低廉的、大量生产的、年轻的（对象是青年）、浮滑的、性感的、骗人的、有魅力的和大企业式的。

波普艺术同时也是一些讽刺市侩贪婪本性的延伸。简单来说，波普艺术是当今较底层艺术市场的前身，波普艺术家大量复制印刷的艺术品造成了相当多的评论。早期某些波普艺术家力争博物馆典藏或赞助的机会，并使用很多廉价颜料创作，作品不久之后就无法保存，这也引起一些争议。1960年，波普艺术的影响力量开始在英国和美国流传，造就了许多当代的艺术家。后期的波普艺术几乎都在探讨美国的大众文化。

波普艺术特殊的地方在于它对于流行时尚有相当特别而且长久的影响力。不少服装设计、平面设计师都直接或间接地从波普艺术中取得或剽窃灵感。

六、专题实训

（一）个案分析

1. 描述

学生在点妆造型的操作过程中，经常会出现以下几种问题：

(1) 圆点小轮廓不清楚。

(2) 圆点太大，感觉很死板。

(3) 点的组合中形状不一致。

2. 学生分组讨论

如何利用手法和用具避免发生这些情况？

办法一：____。

办法二：____。

办法三：____。

3. 分析与解决

由于点比较小，在妆面不容易画好形状，化妆时手臂是悬空的，手不稳，自然就画不好。

(1) 将白色眼线笔削尖些，拿笔的手在脸部托稳，再画点。

(2) 较为复杂的点徒手画，不容易，可以做个纸板模型在脸上压个印迹后再画。

(二) 专题活动

学生参加时装周活动，主要注意观察时尚活动中妆面对点运用的方式。分析后请回答以下问题：

(1) 时尚活动模特的妆面使用的点装饰有什么特点？

(2) 使用的是哪种点的装饰技法？

(3) 点的色彩与妆面色调有何关系？

(三) 实践记录

请将你在本单元学习期间参加的各项专业实践活动情况记录在表2-2-3中。

表2-2-3 点妆妆形设计课外实训记录表

服务对象	时间	工作场所	工作内容	服务对象反馈

单元三　图形妆面设计

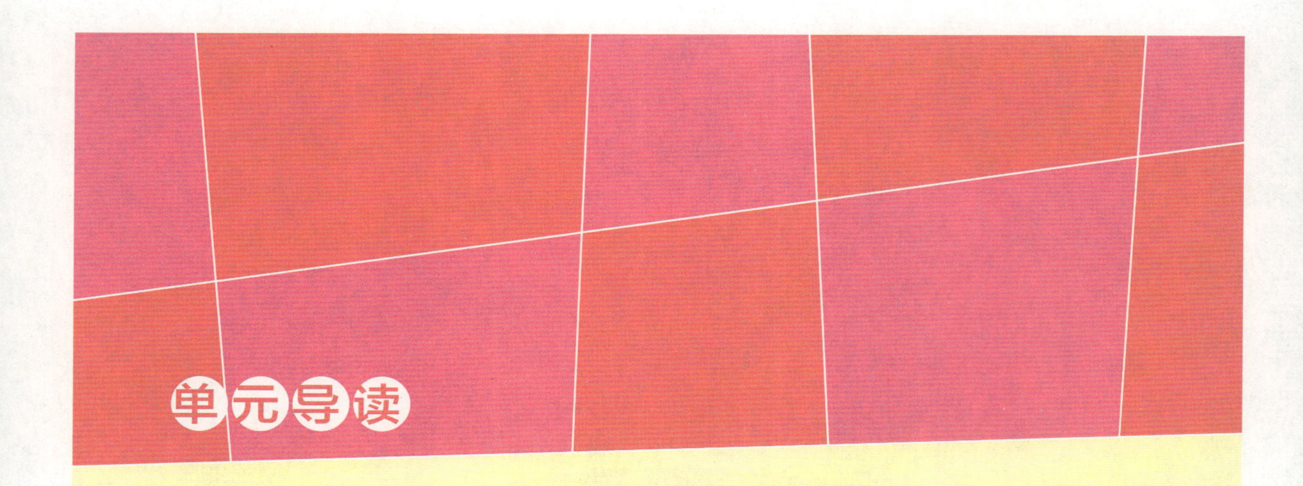

单元导读

内容介绍

图形是用点、线、面组合成形的具体形状。有具象图形和抽象图形，在彩绘创意化妆中作为创作题材使用。它们来源于大自然的花草、动物、云海等景色。通过对这些自然景物的夸张、概括，变化成各有特征的装饰图形；再运用在妆面，设计出各种意境的彩绘创意妆形。

单元目标

本单元内容主要是通过学习花卉、云朵、孔雀三种图形的绘画方法，完成以花卉、云朵、孔雀为题材的妆形构思、设计、实训操作全过程。并通过运用这种学习方式提高化妆设计造型能力。

（1）能够分别叙述花卉、云朵、孔雀的造型与色彩特征。

（2）能够知道两种花卉、叶子结构的生长规律并掌握简单绘画方法。

（3）能够掌握云朵的简单画法。

（4）能够知道孔雀外形基本结构与色彩特征，并能简单地绘画完成。

（5）学会灵活运用图形并能与眼线、眉形、脸形组合，协调完成特色妆形，提高创作妆形的能力。

（6）能够学会运用不同的技法完成以上三种图形的着色。

（7）能够绘制完成以上面三种图形为题材的妆形效果图。

（8）能够根据设计思路通过化妆手段完成真人模特的实际操作。

项目一 花妆妆形设计效果图

项目导读

花卉作为一种自然物种，形态各异，婀娜多姿。因此，成为各种设计中的重要题材。彩绘创意妆形更离不开花卉的应用。但因花卉的品种很多，造型各异，无法全部掌握。因此可以归纳特征突出的花卉来学习，充分结合眉眼造型完成从构思、绘制效果图到实际操作成为妆形的全过程。

工作目标

(1) 能够叙述两种花卉造型特点。

(2) 能够知道两种花卉叶子结构的生长规律。

(3) 能够学会花卉色彩的着色技法。

(4) 能够设计构思完成花妆妆形，并绘制出妆形效果图。

一、知识准备

(一) 花妆妆形的概念

花妆妆形是应用花卉图形在面部装饰完成的妆形。花妆样式没有固定的模式，但有其共同特点，就是能体现出女性各种风格的美感。

(二) 花卉在妆面的设计要求

生活中我们见到的花卉品种多样，并且花形的内外层次很多。如果将这些复杂图形全部画在面部，就会非常浓密、突出，甚至会影响模特自身的美感。因此，花卉图形在应用于设计妆面前要进行加工，适当地简化、夸张，使花形层次清晰，造型简单。在色彩应用上也要淡雅一些。使图形衬托眼形及妆面色彩，增强妆形妩媚感。花妆妆形中，可设计大型花和小型花。大型花由于花形较大，妆色不宜过于浓艳；小型花在妆面中可以更加鲜艳醒目。

（三）花妆妆形设计的程序

首先是学习理解花卉的生长规律和形态特征，从简单的两种花形开始临摹。其次是根据自己设计妆面的需要，进行构思；将花卉图形适当地简化取舍，结合模特面部特征，合理布局图形；注意眼帘周边图形与面部层次自然清晰。最后选择合适的颜色，根据眼部周边的凹凸结构完成眼影、眉毛的绘画；再将眼影、腮红、口红着色，彩绘化妆的效果图就完成了。

（四）绘制彩绘效果图的用具（如图3–1–1所示）

事先画出面部图稿，复印多份待用。简单的花卉图形资料、彩色铅笔、橡皮、转笔刀。

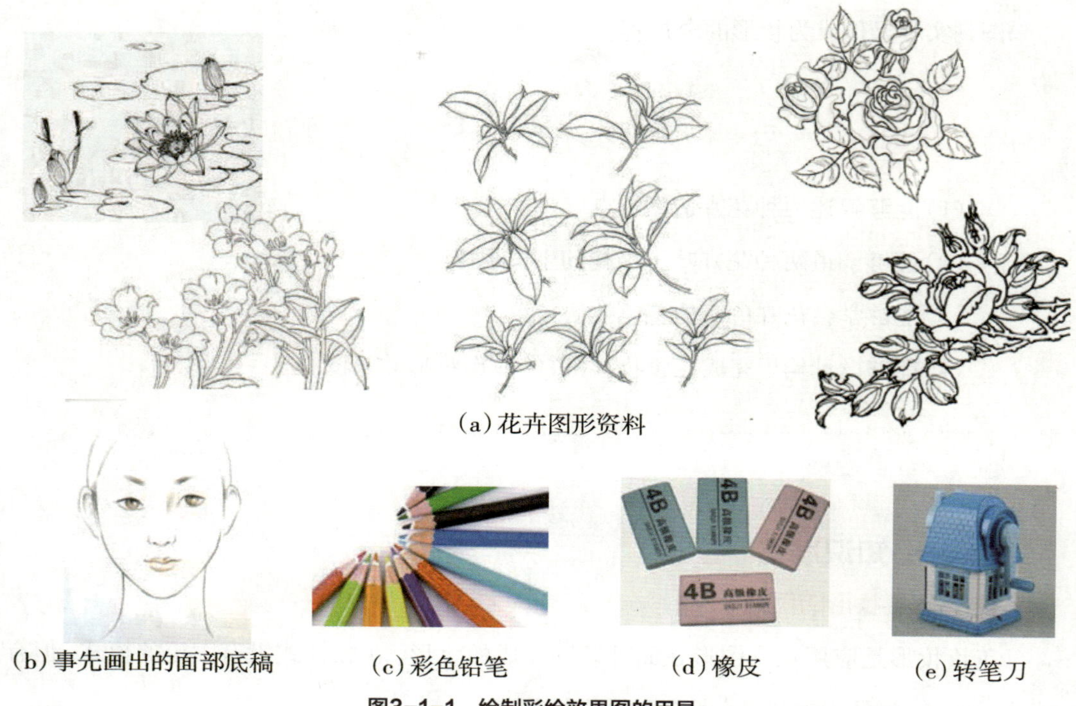

（a）花卉图形资料

（b）事先画出的面部底稿　（c）彩色铅笔　（d）橡皮　（e）转笔刀

图3–1–1　绘制彩绘效果图的用具

（五）花妆妆形的色彩应用

花妆设计的色彩可以运用多种搭配方法，完成不同效果的妆容妆貌。有文静典雅的同类色、活泼可爱的邻近色、强烈刺激的对比色及补色搭配。不同的色彩搭配方法呈现不同的色彩风格。因此，学习色彩的各种组合搭配方法是必要的。

1. 同类色的搭配（如图3−1−2所示）

图3−1−2　同类色搭配

同类色是采用同一个色系，用不同的明度和纯度变化而组合的画面。如采用以红色为主调，可以用枣红、桃红、粉红、淡红等深浅不同的色彩来搭配，画面非常容易形成统一色调。再利用黑白色调节明暗度，突出其层次感。

2. 六种基本色的同色系（如图3−1−3所示）

用色要求：将同类色的色彩应用在一个画面上，要注意强调色彩的深浅层次。使画面内容清晰可见。

图3−1−3　六种基本色的同色系

3. 邻近色的搭配（如图3−1−4所示）

图3−1−4　邻近色的搭配

在色相环中，两色相相隔45~60度，称为邻近色。如黄、黄绿、黄橙的配色，中黄色与绿色的组合搭配就是邻近色的搭配。

邻近色是各类设计中采用比较多的一种手法。既有同类色和谐统一的优点，又可以巧妙地采用其他色系来点缀，使画面更加生动活泼。

4. 对比色和补色搭配（如图3–1–5所示）

对比色或补色搭配的用色要求：使用这种方法组合配色时，要注意加强或减弱色彩本身的明度和纯度，使画面在对比中产生调和。

（1）对比色：两色相相隔120度的组合。在24色相环中，两色间隔8~10的配色方法，有强烈的对比效果。如红与黄、绿与紫、橙与绿、紫与橙、蓝与红、蓝与黄，等等。这种色相配色的效果是对立性强，具有强烈的视觉冲击力，反衬出双方的色相更加鲜艳、活泼。

（2）补色：在24色相环中两色间隔11~13的配色方法，也是相隔180度的两色组合。补色组合更加有强烈的刺激感和对立性。如红与绿、橙与蓝、黄与紫。这种色相对比的配色方法，妆面色彩的对立性强，反衬出双方的色相更加鲜艳、跳跃、活泼。

图3–1–5 对比色和补色搭配

5. 花卉的基本结构特征

首先要理解花卉的生长规律，掌握其形态特征，才能表现出优美的花卉图形。

（1）花卉的结构形态（如图3–1–6所示）。

花卉的构造丰富多样，典型的花卉结构一般有花托、花冠、花蕊等。常见的花冠有单瓣和复瓣之分。单瓣花如：桃花、梅花、海棠花、樱花等，开放后成盘形。山茶花、荷花成不同弧状的碗形。复瓣花开放后成球形、半球形，如：大丽花、菊花等。

花冠：一般有离瓣花、十字花、蝶形花、漏斗形花等。在妆形设计中离瓣花及蝶形花最为常用。

花序：花冠生在花轴上叫花序。大型花冠一般是单独生在茎顶端和枝上，叫单生花。小型花在花轴上按次序生许多小花，叫总状花序。还有穗状花序、伞状花序等。

(a)山茶花

(b)牡丹花

(c)大丽花

(d)桃花

图3-1-6　花卉的结构形态

(2)叶子的结构形态(如图3-1-7所示)。

俗话说:“漂亮的花朵需要叶子的陪衬。”不同的花配不同的叶子。一般叶子分为单叶、复叶。叶子的形状多种多样,有带形叶、椭圆形叶、心形叶、扇形叶等。

叶序:叶在茎枝上的生长方式。叶序分为对生叶序、互生叶序、轮生叶序、簇生叶序。

对生叶序:两个叶子相对生长在茎的一节上。

互生叶序:茎的每一节只生长一片叶子。

轮生叶序:茎的每一节上生长三个以上的叶子。

簇生叶序:叶的数量多,节间密接,呈簇状生的叶子。

(a)海棠花叶形

(b)银杏叶

(c)仙客来叶形

(d)牡丹花叶形

图3-1-7　叶子的结构形态

学习花卉的生长规律后可以多临摹这些图形,熟悉它们的特点,做到心里有数。

6. 花卉妆形中的基本要求

要想完成一幅主题鲜明的花妆设计作品,需要完成以下五个方面:

(1)妆面中花形结构要正确,位置设计要和谐。

(2)妆面花形色彩运用要自然美观、有主有次、色调统一。

(3)花妆的花形简单清晰,色彩浓淡适宜,妆面虚实得当。

(4)叶形与花形的搭配要正确,着色要淡化,衬托花形。

(5)根据构思要求,完成妆面设计作品的效果图。

二、工作流程

（一）工作标准（如表3–1–1所示）

表3–1–1 工作标准

内 容	标 准
准备工作	工作区域干净整齐，工具齐全，码放整齐，仪器设备安装正确，个人卫生仪表符合工作要求
操作步骤	能够独立对照操作标准，使用准确的技法，按照规范的操作步骤绘制完成花妆效果图的实际操作
操作时间	在规定时间内完成项目
操作标准	花卉结构绘画准确，生长规律正确
	图形色彩着色过渡均匀，层次清晰自然
	妆面色彩整体搭配协调，符合妆面三色的用色标准
	能够将图形与眼形结构、眉形结构装饰优美，色彩应用得当
整理工作	工作区域干净整洁、无死角，工具仪器消毒到位，收放整齐

（二）关键技能

1. 花卉绘画操作（如图3–1–8～图3–1–9所示）

（1）画出花形轮廓。

根据花形特点，点出花瓣分布的位置。然后画出一瓣花片的形状， 再根据第一片花瓣画出其他花瓣。

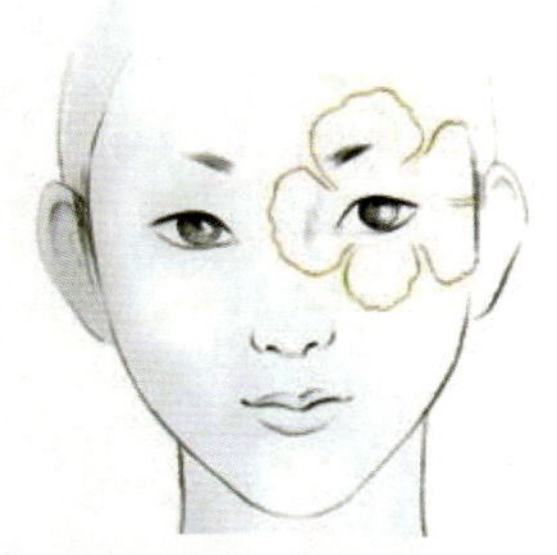

图3–1–8 画出花形轮廓

（2）花瓣着色。

①用棕色彩色铅笔在花形外轮廓涂上底色。轮廓边缘的底色深，额头部位逐渐变浅。

②在眼部花心部位，涂上紫红色，强调深色的花心。从花内向花外晕染，并画出花瓣的脉络。

③用浅色或留白在花瓣的外围边缘涂至中间部位，逐渐消失，与花心色衔接。

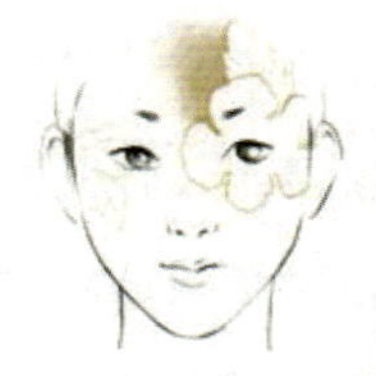

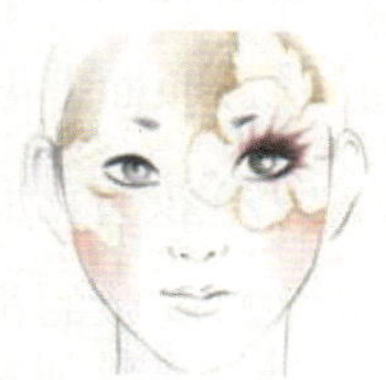

图3–1–9 花瓣着色

2. 叶子的绘画操作（如图3–1–10～图3–1–11所示）

（1）画出叶子的基本形状。

①根据叶子特点，确定叶子与花的组合，然后画出叶子的形状。

②左边再画出一个叶形。

图3–1–10 画出叶子的基本形状

（2）叶脉着色。

①在叶子周边涂上棕色底色，逐渐向发际线晕浅。

②从叶脉根部开始涂色，向外至叶子边缘消失，叶的边缘留白。

③叶脉部位留出空白。

提示：叶子颜色不要选择过于鲜艳的色彩。叶脉的结构要正确。

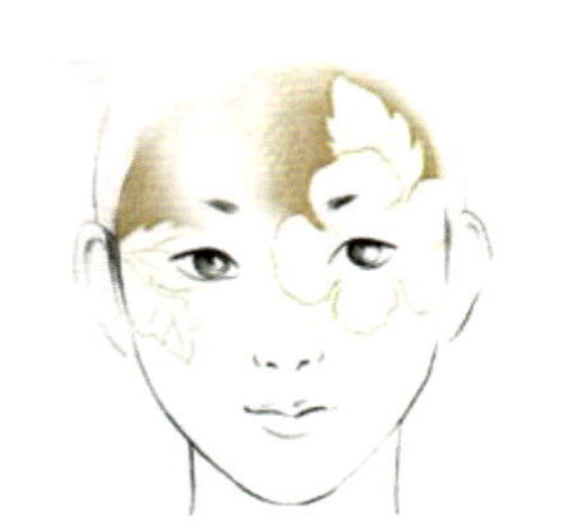

图3–1–11 叶脉着色

（三）操作流程

花妆设计效果图绘制步骤如下：

1. 课前欣赏（如图3–1–12所示）

图3–1–12 课前欣赏

2. 课前准备的用具

头像模板和简单点形模板。

绘画工具：彩色铅笔24色、转笔刀、橡皮。化妆品：眼影、腮红。

3. 操作程序（如图3—1—13～图3—1—22所示）

（1）准备面部底稿。

为了设计方便，事先画出一张面部头像。

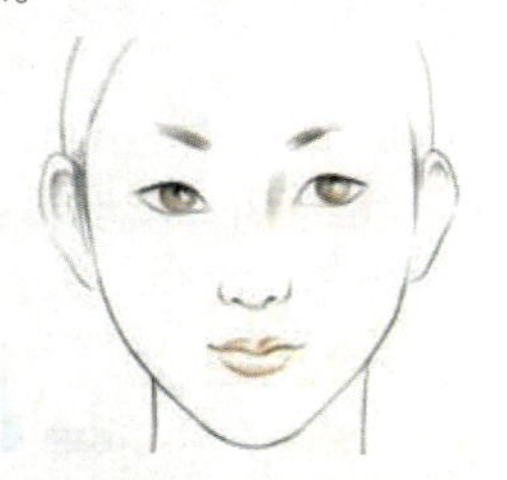

图3—1—13 准备面部底稿

（2）妆面设计花卉图形。

在眼部周围画出五瓣花形，花瓣的形状呈盆形，线条略带点笔触感。每个花瓣之间留点空隙。

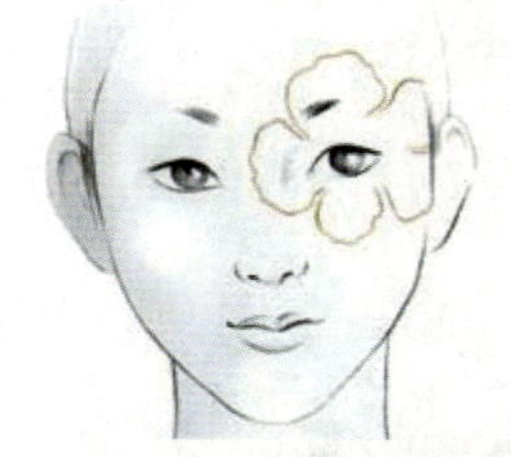

图3—1—14 妆面设计花卉图形

（3）画叶子。

①根据花卉图形的位置，搭配一片叶子衬托花形。叶形方向向上。

②在左边搭配两个叶子，使妆面两边有平衡感。

③在叶子中部纵向画一条线，两边再错位画出2~3条线为叶脉。

提示：叶子是陪衬花形的，因此不宜画得过大。叶子的形状可以画成锯齿形叶片或波浪形叶片。画叶子如果用平涂效果，就会显得比较死板，因此用晕染方法会使妆面更活泼些。

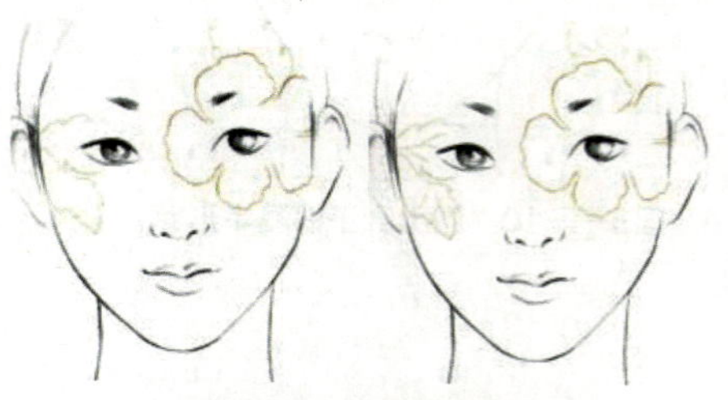

图3—1—15 画叶子

（4）画图形的底色。

①用棕色彩色铅笔在花形外轮廓涂上底色。轮廓边缘的底色深，额头部位逐渐变浅。

②在左右两边的花形叶形之外，涂上棕色底色，往发际线晕染至逐渐消失。

图形轮廓的底色完成后，逐渐向外渐变过渡，自然衔接。

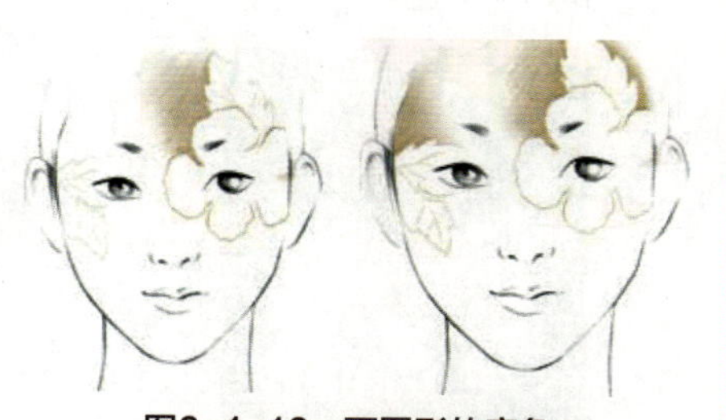

图3—1—16 画图形的底色

（5）画腮红。

①在颧骨下缘空过图形用粉红色画出腮红。

②将腮红往下往前晕染变淡。

③脸颊上花形空隙处也要涂上腮红。

提示： 腮红也可以使用眼影粉，使颜色涂得更均匀。

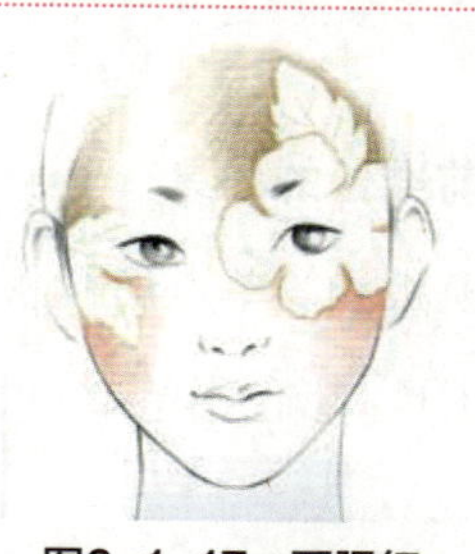

图3—1—17 画腮红

（6）画眼线。

上眼线画粗，强调眼形的圆度，上下眼角部位留空。

提示：花形为圆形结构，适合圆眼形。可以将眼线画粗，眼角部位画虚些，不用封口。

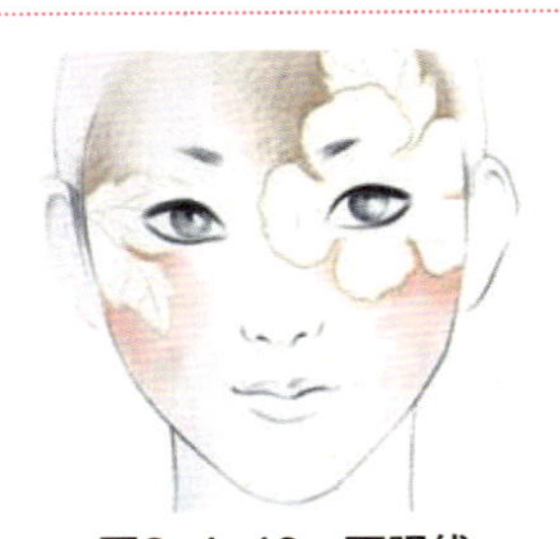

图3-1-18　画眼线

（7）画眼影色。

①用暗红色眼影涂在上眼线的根部。

②下眼线从外眼角向内眼角延伸。注意外眼角部位上下眼线自然衔接。不要画得过重。

③再用酒红色眼影涂在眼帘上，向外晕染到眉骨内侧边缘。

④然后用小号眼影刷蘸酒红色眼影，按照花瓣的中间部位晕染，并画出花的脉络线。就像花蕊一样的效果。

⑤完成另一只眼睛的眼影涂色。

提示：选择两色眼影晕染。由于两个眼睛周围图形不对称，因此，画眼影时也有一些区别。

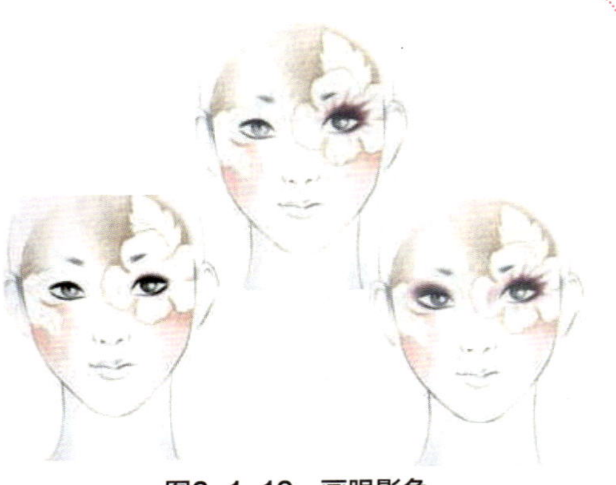

图3-1-19　画眼影色

（8）画眉毛。

①画眉毛可以重点画左边的眉形。眉头略为压低，并画虚。眉毛中段实，眉尾虚。

②右边眉毛眉头部位可以淡淡地画一点。

图3-1-20　画眉毛

（9）画叶子色彩。

①从叶脉根部开始涂色向外至叶子边缘消失，叶的边缘留白。

②叶脉部位留出空白。

提示：妆面的花形、叶子色彩可以选择淡雅一点的色彩。

将面部的叶子按相同的方法着色，色彩统一用一种色。

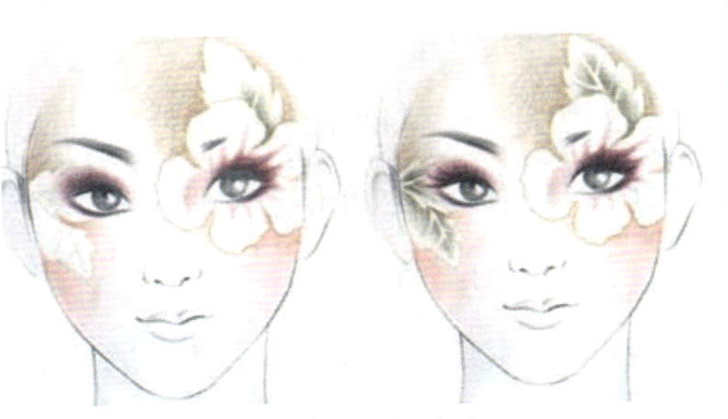

图3-1-21　画叶子色彩

(10)画唇色。

①用粉红色彩色铅笔将唇的边缘勾画整齐。

②将唇部的边缘涂满，中间留白，使唇形有凹凸感。

③用深红色强调唇缝的深度。

提示：唇色选择较淡一些的粉色。

图3-1-22 画唇色

三、学生实践

活动方式：应用花卉图形设计妆面，完成花妆妆形的效果图。

(一) 设计之前要做的事

(1)理解指定的花卉和叶子的生长规律及特征。

(2)完成一张花卉图形草稿，确定着色技法。

(3)用具准备齐全，彩色铅笔修尖后开始绘制花妆效果图。

(二) 花卉图形在妆面色彩配色的注意事项

(1)效果图妆色：色调要统一、简单明快，花卉的色彩不宜太过鲜艳。面部色彩不超过三种颜色。要注意妆面图形明暗层次。

(2)效果图妆形：在妆面中根据妆形的需要，花卉图形不宜太大、太复杂，否则显得死板。花形若画在眼帘上，图形的颜色及线条就可以淡化、虚化，保证眼妆的美感。

(3)在妆面画图形线条时，不要直接用黑色或较暗的色勾形，要事先考虑好妆面的用色。

(三) 效果图绘制中容易出现的问题

(1)花形轮廓死板生硬。

(2)花形花色与眼窝之间的衔接不自然，装饰的位置不美观。

(3)妆面设计的图形主次不分明，布局疏密不协调。

(4)花瓣和叶子的组合不符合生长规律。

我在绘制效果图的过程中遇到的问题是：____________________。

我感觉自己设计的优点是：____________________。

我的设计感觉不足的是：____________________。

四、检测评价

本项目的学习已经完成，根据作品的完成效果，检验所学知识的掌握情况。花妆妆形设计效果图检测评价表如表3-1-2所示，请在相应的位置画“√”，将理解正确的内容写在相应的位置。

表3-1-2　花妆妆形设计效果图检测评价表

评价内容	评价标准			评价等级
	A（优秀）	B（良好）	C（及格）	
准备工作	工作区域干净整齐，工具齐全，码放整齐，仪器设备安装正确，个人卫生仪表符合工作要求	工作区域干净整齐，工具齐全，码放比较整齐，仪器设备安装正确，个人卫生仪表符合工作要求	工作区域比较干净整齐，工具不齐全，码放不够整齐，仪器设备安装正确，个人卫生仪表符合工作要求	A B C
操作步骤	能够独立对照操作标准，使用准确的技法，按照规范的操作步骤完成绘制效果图的实际操作	能够在同伴的协助下对照操作标准，使用比较准确的技法，按照比较规范的操作步骤完成效果图的实际操作	能够在老师的指导帮助下，对照操作标准，使用比较准确的技法，按照比较规范的操作步骤完成效果图的实际操作	A B C
操作时间	规定时间内完成项目	规定时间内在同伴的协助下完成项目	规定时间内在老师的帮助下完成项目	A B C
操作标准	能够独立将花卉图形结构绘画准确，符合生长规律	能够独立将花卉图形结构绘画准确，比较符合生长规律	在老师的帮助下将花卉图形结构绘画得比较准确，基本符合生长规律	A B C
	能够按照正确的着色方法与步骤绘画花卉图形，画面色彩晕色均匀，明暗层次清晰自然	能够按照正确的着色方法与步骤绘画花卉图形，画面色彩晕色均匀，明暗层次清晰自然	能够在老师的帮助下按照正确的着色方法与步骤绘画花卉图形，画面色彩晕色不够均匀，比较有层次	A B C
	能够独立完成花妆效果图绘制，画面整体层次清晰，色彩搭配协调，符合妆面三色要求	能够与同伴合作完成花妆效果图绘制，画面层次比较清晰，色彩搭配比较协调，符合妆面三色要求	能够在老师的帮助下完成花妆效果图绘制，画面层次不够清晰，色彩搭配不够协调，不符合妆面三色要求	A B C

续表

评价内容	评价标准			评价等级
	A（优秀）	B（良好）	C（及格）	
操作标准	能够将图形与眼形结构、眉形结构衔接自然，虚实得当	能够将图形与眼形结构、眉形结构装饰得比较优美，色彩应用比较得当	图形与眼形结构、眉形结构装饰不够优美，色彩应用不得当	A B C
整理工作	工作区域干净整洁、无死角，工具仪器消毒到位，收放整齐	工作区域干净整洁、无死角，工具仪器消毒到位，收放整齐	工作区域较凌乱，工具仪器消毒到位，收放不整齐	A B C
学生反思				

五、知识链接

时尚界十大艺术风格之一——拜占庭艺术风格

由于罗马帝国的东迁，使得有机会出现融合东西方艺术形式的拜占庭艺术。在艺术的成就上，此时所强调的是镶贴艺术，追求缤纷多变的装饰性。同样，这种特色也反映在服装上。例如：在男女宫廷服的大斗篷、帽饰以及鞋饰上都出现了镶贴、光彩夺目的珠宝和充斥着华丽图案的刺绣。这些情形有别于同时期在欧洲地区的服饰，营造出一种既融合东西方艺术特点又充满华丽感的服饰装饰美。

“哥特式”原本是指源自20世纪的一种建筑风格，后来，很快这种风格便影响到整个欧洲，而且反映在绘画、雕刻、装饰艺术上，形成一种被誉为国际哥特风格的艺术形态。这种风格主要的表现是建筑上的“锐角三角形”，同时也深深地影响了当时的服饰审美及服饰创造。例如：在男女服饰的整体轮廓上、在衣服的袖子上，以及鞋子的造型上、帽子的款式上等，都充分呈现出锐角三角形的形态。

 花妆妆形实操训练

项目导读

花妆是以花卉题材为主题装饰的妆形。花卉图形在妆面既有其自身的美感，又能衬托妆容妆貌。在实际操作中，要细致地描绘美丽的花形，配合眼妆成为主体鲜明的花妆创意妆形。本项目通过对花妆的设计操作训练，使学生开阔思路，增强创作灵感，提高创新能力。

工作目标

(1)能够通过观察模特的结构，分析并叙述花妆效果图的可行性。

(2)用晕染的技法完成妆形的操作，并与图形眼形、眉形衔接。

(3)能够学会对面部轮廓色的修饰。打腮红的位置正确，颜色均匀自然。

(4)能够按照花妆效果图，在模特面部操作完成花妆妆形。

一、知识准备

(一) 花妆在操作中与创意彩妆的区别

不同妆形的创意来自不同的灵感，如：说到邪恶，就会使我们联想到女巫黑色的外衣和又尖又大的鼻子；说到天使，就会让我们联想到飞翔的翅膀。妆形设计也是一样，一般的创意彩妆体现的是概念性的内容，或有借鉴灵性的题材。其操作手法上都有一定的随意性。而花妆就在于妆面有彩绘图形的效果，可以成为妆面的亮点。

(二) 花妆操作中的表现手法

花妆操作的手法有单色勾线、渐变晕染、图形留空等方法。

在妆面上操作花卉的图形，由于皮肤有弹性，画花形线条时，眼线笔必须是削尖的，若用勾线笔蘸色，也不能蘸得过多。落笔要轻，收笔要快。

若把花形不加修饰地画在面部，就会非常浓密、复杂，甚至会影响模特自身的美感。因此，花卉图形在应用于设计妆面前要进行加工，适当地简化、夸张，使花形层次清晰，造型简单。

（三）花妆妆形的化妆效果（如图3–2–1所示）

单线勾画出花的图形，没有晕色。妆面色彩单纯，能衬托眼睛美感。

运用平涂晕染结合的方法，白色的花形素雅，有层次，衬托出红色眼影的美感。

图3–2–1 花妆妆形的化妆效果

（四）花妆妆形的操作用具

1. 专业化妆用具

一般需要准备：修眉工具、粉底霜或粉底液、化妆套刷、白色和黑色眼线笔、眼线膏与眉笔、眼影色（如图3–2–2所示）、腮红、干湿粉扑、假睫毛与睫毛胶、睫毛夹、唇彩等。

卸妆用品：卸妆水、卸妆油、洗面奶、卸妆棉。

图3-2-2　常用的眼影色

2. 彩绘化妆用具

彩绘创意化妆可以使用专业的化妆用具，另外再备几支由小到大的勾线笔和油彩颜料、装饰亮粉、面巾纸等。

（五）花妆妆形操作对模特的要求

由于花妆需要在眉眼位置描绘花卉图形 ，所以模特的眉眼之间距离不能太近，眉毛也不易太浓。模特肤色深浅会直接影响花妆妆容的用色，不同肤色可以设计与之相协调的妆色。

（六）花妆妆形操作的基本要求

（1）按照操作顺序完成每一个步骤。

（2）化妆笔刷要随时清洗，画油彩用的笔不要与画眼影的笔混用，保证妆面颜色的干净。

（3）花卉图形要按照效果图的位置确定，但也要适当根据模特的特点略加修改，布局要协调。

（4）妆面图形可以用眼影色完成图形的色彩，若图形小而复杂，眼影不好操作处理，可以用油彩完成。

（5）画眉头尽量使用眉笔或眼影粉，以方便颜色的选择与更改。可以根据妆面的整体色调描画眉毛的颜色。

二、工作流程

（一）工作标准（如表3-2-1所示）

表3-2-1 工作标准表

内容	标准
准备工作	工作区域干净整齐，工具齐全，码放整齐，仪器设备安装正确，个人卫生仪表符合工作要求
操作步骤	能够独立对照操作标准，使用准确的技法，按照规范的操作步骤绘制完成花妆效果图的实际操作
操作时间	在规定时间内完成项目
操作标准	花妆妆形中的曲线要流畅、婉转、虚实自然，妆面油彩勾线要浓淡适宜
	妆形妆色能够与眼形结构、眉形结构衔接自然，符合面部凹凸结构及纹路
	眼形要对称，图形要平衡，位置要得当
	妆容用色干净，妆形完整，重点突出，主次分明
整理工作	工作区域干净整洁、无死角，工具仪器消毒到位，收放整齐

（二）关键技能

1. 花妆图形的操作技法（如图3-2-3～图3-2-4所示）

（1）妆面花形。

①用粉红色唇线笔先轻轻确定花瓣位置。图形线条颜色用浅色或白色，以便调整花瓣的形状。

②描画眼部位置的图形，再将眉头部位的图形围眼部画出，组合成五瓣花的图形。

③画出花的基本轮廓，弧线要随意流畅。

④在每个花瓣之间留空隙，勾出裂纹，使花瓣造型自然一些。

提示：花的图形较大，不用画两边对称。

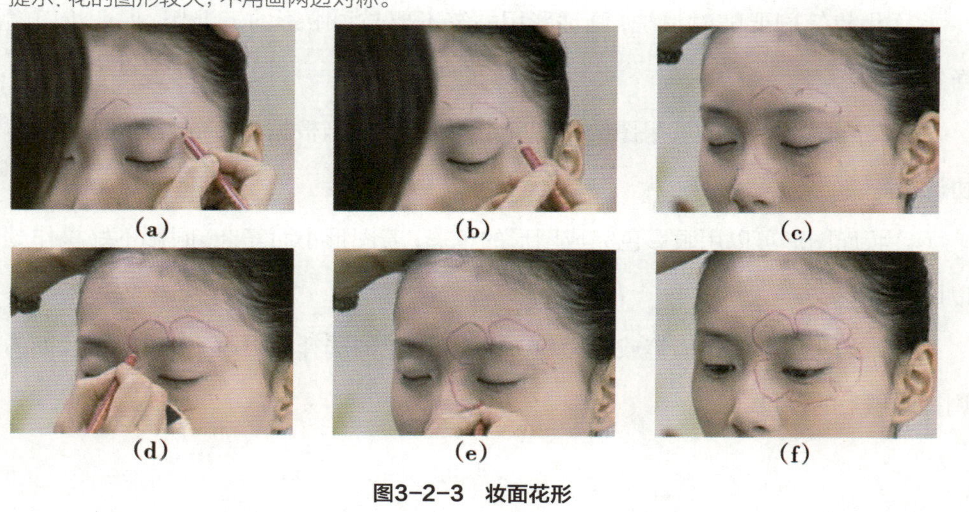

(a) (b) (c) (d) (e) (f)

图3-2-3 妆面花形

（2）花卉图形涂色。

①先用小号眼影刷蘸上粉红色的眼影粉，从花瓣外缘开始涂色晕染。

②将花瓣外轮廓用眼影刷涂压整齐，用中号眼影刷向内晕染。

③花瓣外缘着色要均匀，到花心部位晕色变淡。按此方法依次将其他花瓣着色。

④将花瓣中间部位用白色提亮，再与粉红色晕接，使花瓣色自然过渡，由深到浅。

提示：花瓣轮廓要整齐，涂色要均匀，渐变要自然。

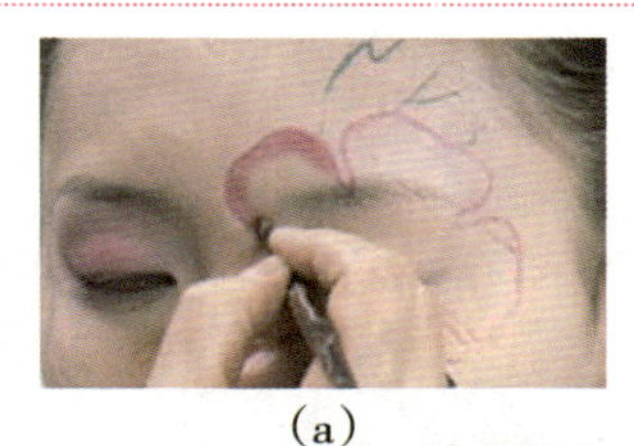
(a)

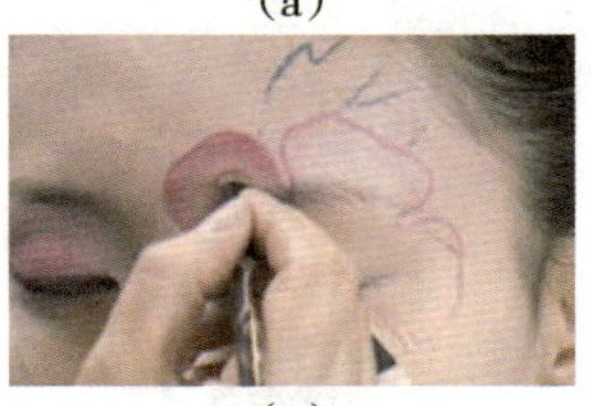
(b)

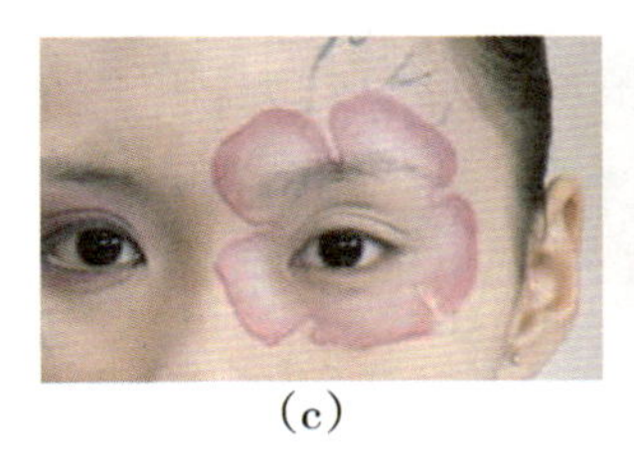
(c)

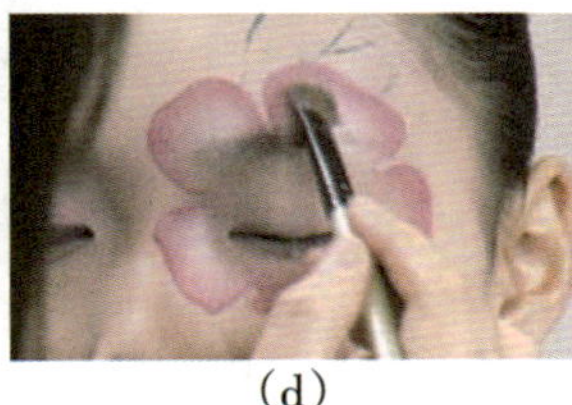
(d)

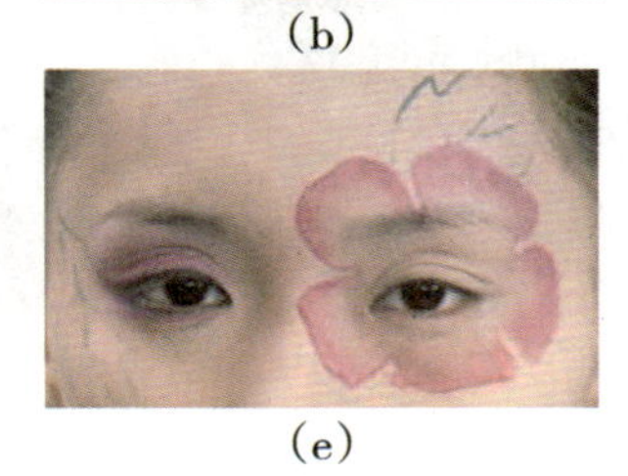
(e)

图3-2-4 花卉图形涂色

2. 花妆叶子图形的操作技法（如图3-2-5～图3-2-7所示）

（1）画叶形。

①根据额头的大小，在右上部位向上画出叶子轮廓，叶形为浅裂叶。发迹部位叶子淡化。

②面部右边叶子形状可以向下画，叶子轮廓用浅绿色即可。

提示：为使妆面图形平衡，右边花形较大，左边显得空旷，所以在左边适当加一片叶子，调节左右平衡。

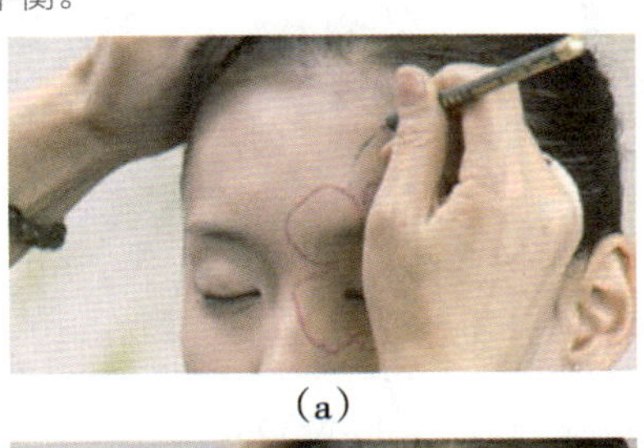
(a)

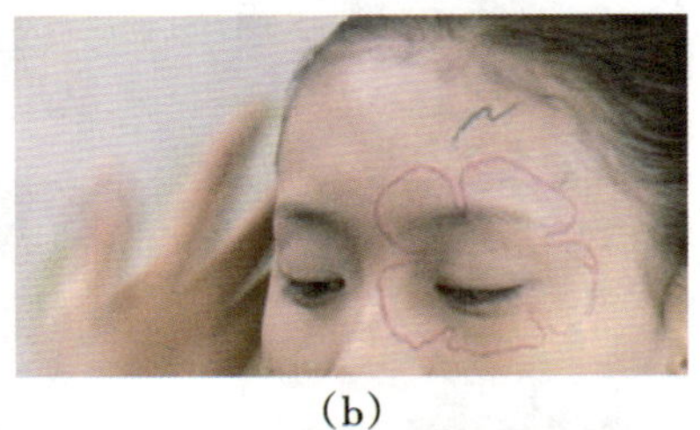
(b)

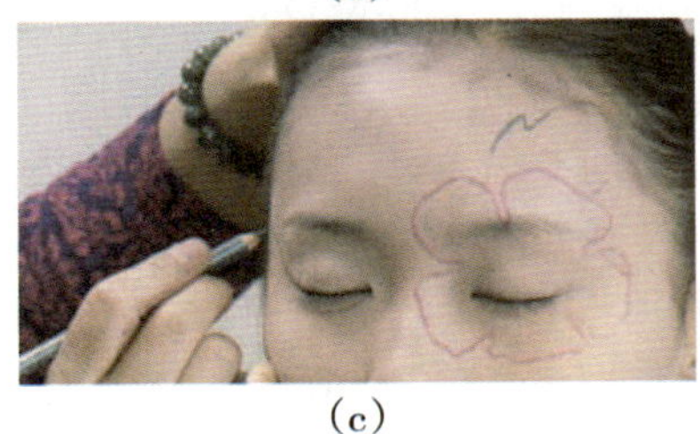
(c)

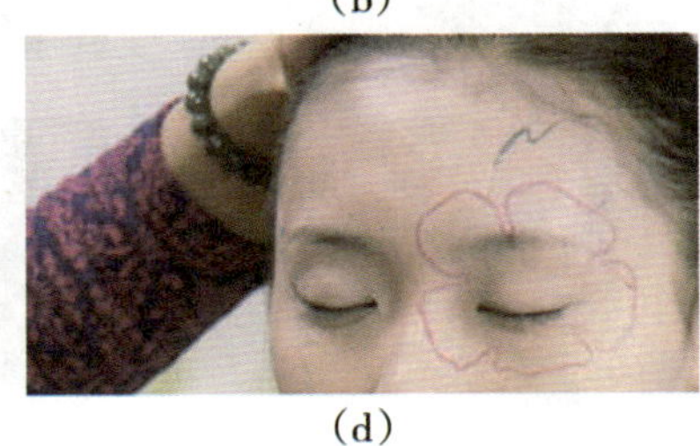
(d)

图3-2-5 画叶形

(2)画边叶脉。

①在叶子中间起笔从叶根部向叶稍画一条叶脉线。

②在中间主叶脉线上分别画出两条分叶脉线。

③将左右两边的叶子各自画出叶脉。提示:颜色不要太重。

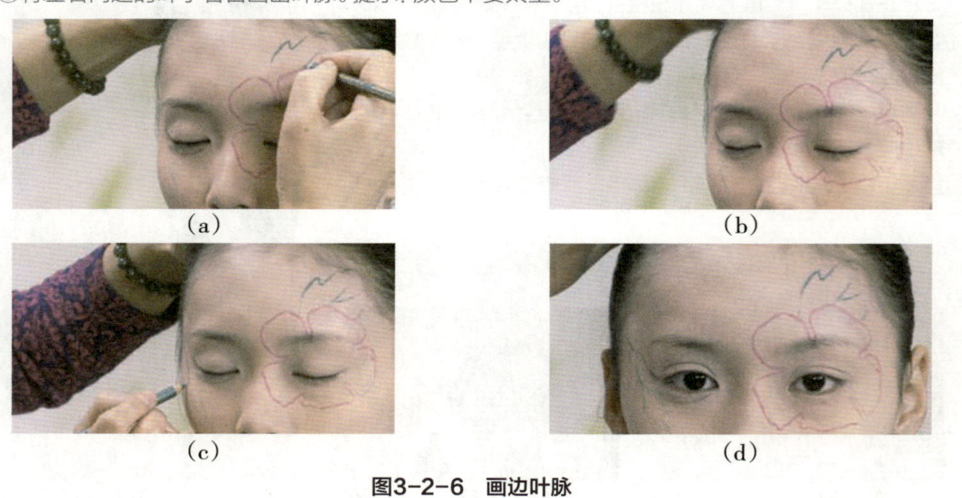

(a) (b) (c) (d)

图3-2-6 画边叶脉

(3)叶子涂色。

①从叶子边缘开始,用小号眼影刷蘸浅绿色眼影粉沿叶子轮廓往内涂抹晕染,额头部位有发根,淡淡衔接即可。

②用白色眼影粉衔接叶子边缘的绿色,使叶片深浅层次清晰。

③用浅绿色稍微强调轮廓,突出叶子线条即可,衬托花形粉红色的美感。

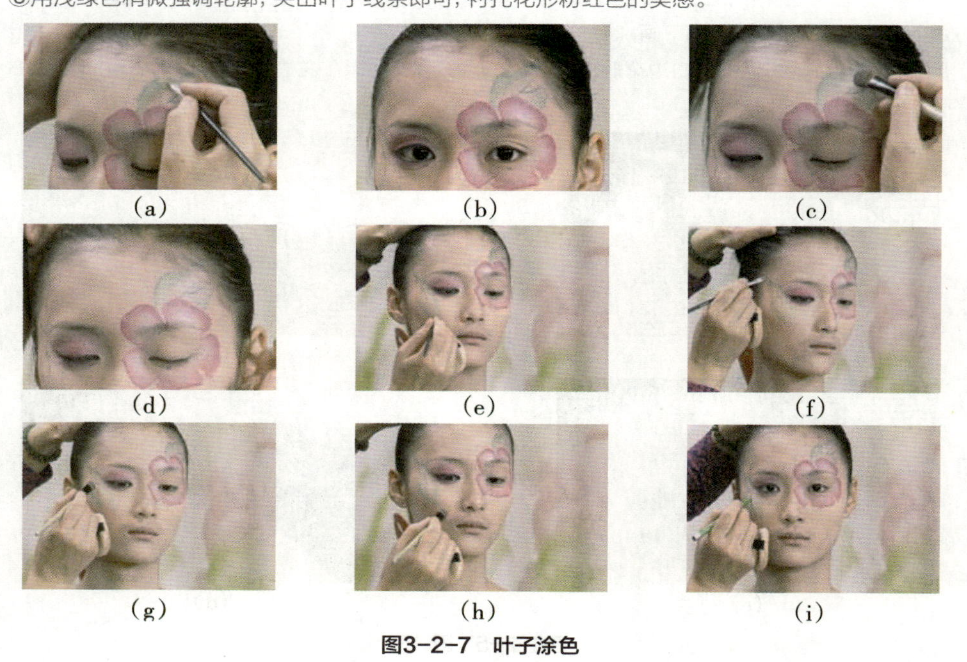

(a) (b) (c) (d) (e) (f) (g) (h) (i)

图3-2-7 叶子涂色

（三）操作流程

化妆用品的准备：修眉刀、粉底液或粉底霜、珠光眼影板、眼线膏和勾线笔、睫毛夹、假睫毛和睫毛铰、口红或唇彩、定妆粉、干湿粉扑、腮红、眉笔、油彩颜料、卸妆油、洗面奶、卸妆棉、面巾纸等

花妆妆形操作程序（如图3-2-8～图3-2-26所示）

（1）打粉底。

①根据模特的肤色选择适合的粉底霜。

②先用接近肤色的粉底霜打第一层，将妆面各个部位打均匀。

③再用白色粉底膏将额头、鼻梁、眼睛至鼻翼的三角区、下巴部位涂均匀。

提示：打粉底前，将头发向后梳理整齐，眉毛修理整齐干净。

图3-2-8　打粉底

（2）定妆。

使用适合面部深浅的定妆粉。将各个部位按压定实。

小提示：根据面部底色选深浅不同的定妆粉定妆。

图3-2-9　定妆

（3）确定花妆花形。

用眼线笔描画出花卉图形的轮廓，然后画深。先画眼部位置的图形，再将眉头部位的花瓣向着眼部延伸、衔接，组合成五瓣花形。

提示：图形线条颜色要与花形颜色一致，若没有合适的眼线笔，就用白色，能看见即可。

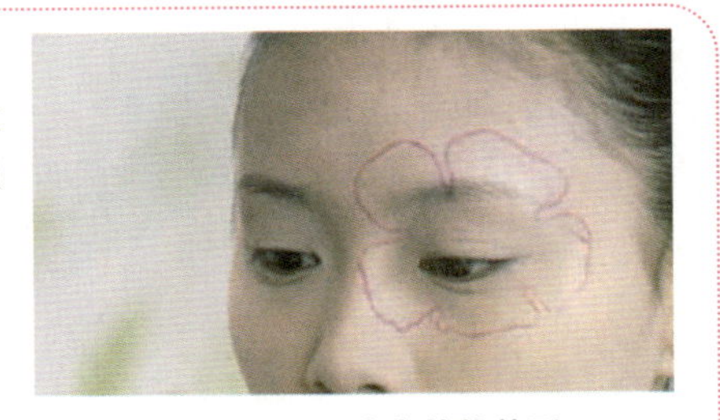

图3-2-10　确定花妆花形

（4）画花妆叶子。

在花形的斜上方位置画出浅叶裂形的叶子，叶子轮廓用浅色即可，在妆面，叶子能起到衬托花形的作用。

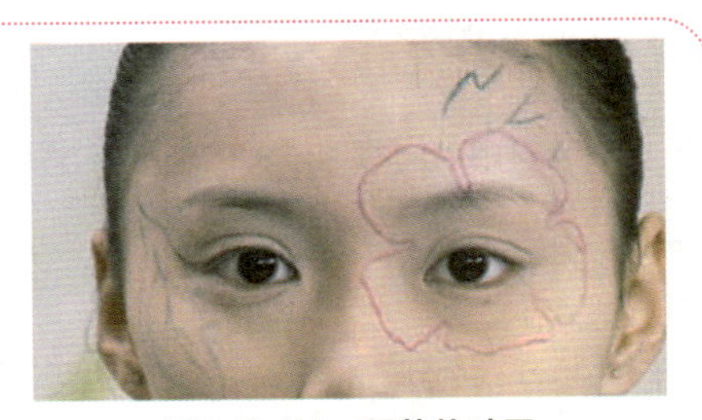

图3-2-11　画花妆叶子

(5) 画上眼线。

①从外眼角根部开始向内眼角画，先画细，观察是否合适。

②逐渐在适合的位置描粗涂匀，眼线略长，眼角略高。但切不可开始就描得过粗过高，之后不容易更改，使妆面显脏。

提示：花妆中眼睛要画圆一点，效果更好。

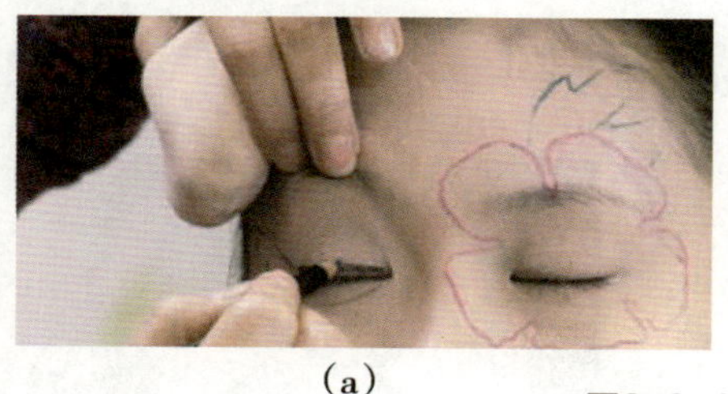
(a)

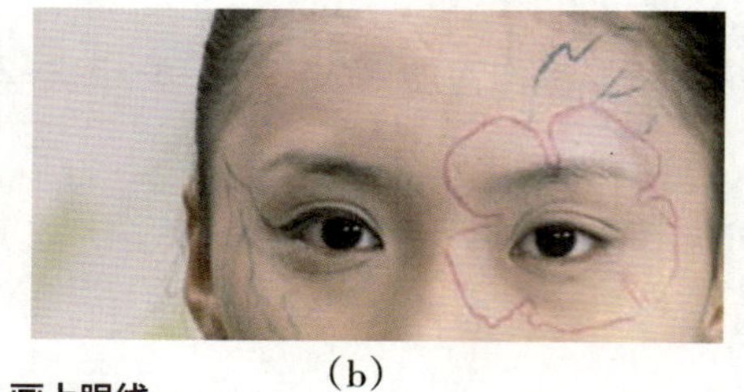
(b)

图3-2-12　画上眼线

(6) 画下眼线。

画下眼线一定要将笔尖修成扁形，从外眼角开始往前画，至接近内眼角时，轻轻扫过即可。外眼角较粗，内眼角较细。越往前，颜色越淡。

提示：

①内眼角一定要画充分。

②眼角不用连接上。

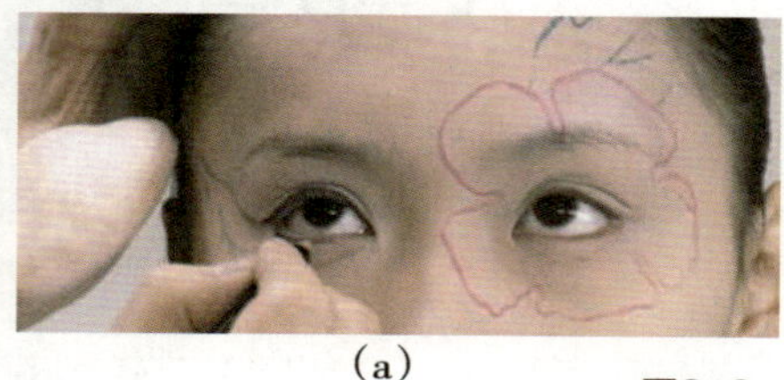
(a)

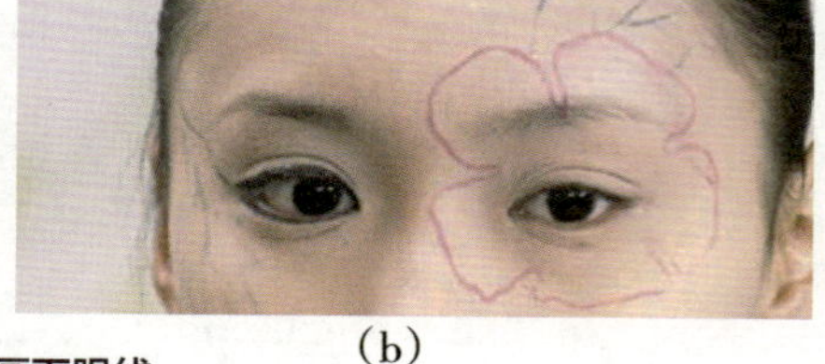
(b)

图3-2-13　画下眼线

(7) 涂眼影底色。

在上眼帘部位用白色眼影粉涂一遍底色。

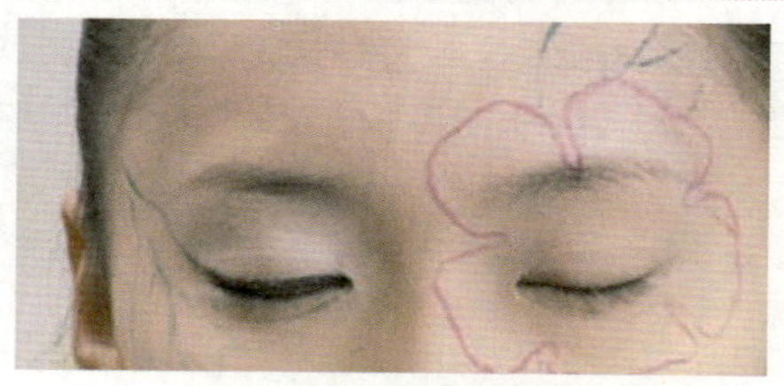

图3-2-14　涂眼影底色

(8) 涂眼影。

①根据上眼线的位置涂眼影。分为深浅两色，用中号眼影刷蘸取枚红色眼影粉在眼根部位涂色，从外眼角向内眼角晕染。

②再用枚粉色晕接涂至眉骨下缘。

提示：

①根部颜色较深，是暗红色，上部到眉骨用浅颜色衔接上，颜色越靠上越浅。

②眼影范围可以大一些。

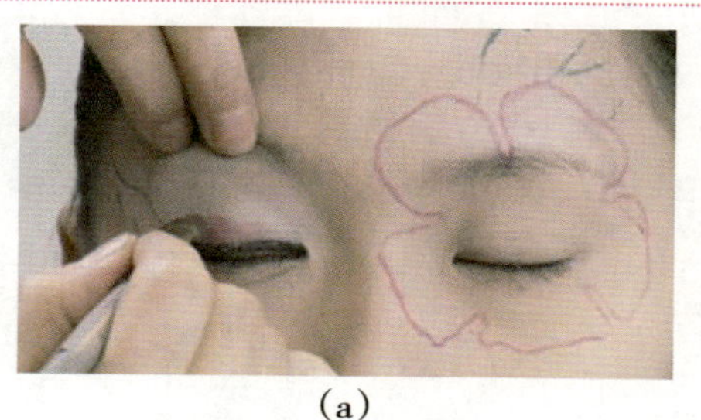
(a)

图3-2-15　涂眼影

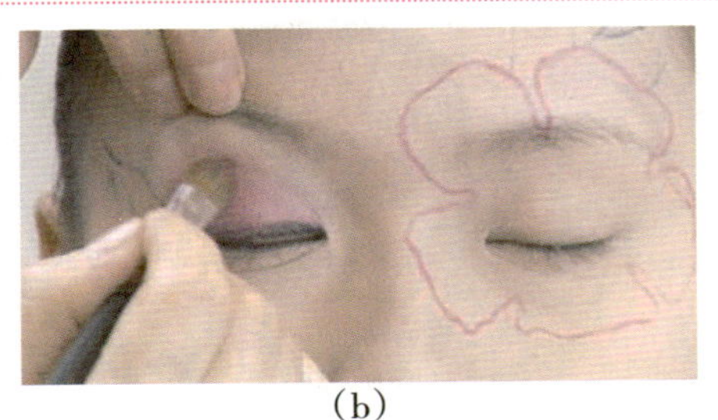
(b)

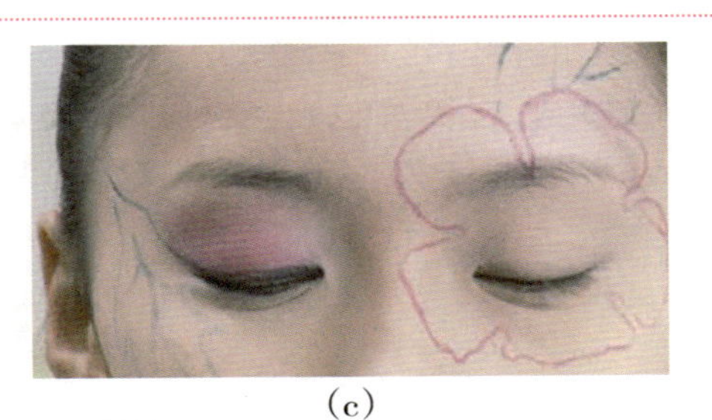
(c)

图3-2-15　涂眼影(续)

(9)提亮眉骨。

用中号眼影刷蘸取白色眼影粉将眉骨位置提亮。

提示:体现眼窝的凹凸感。

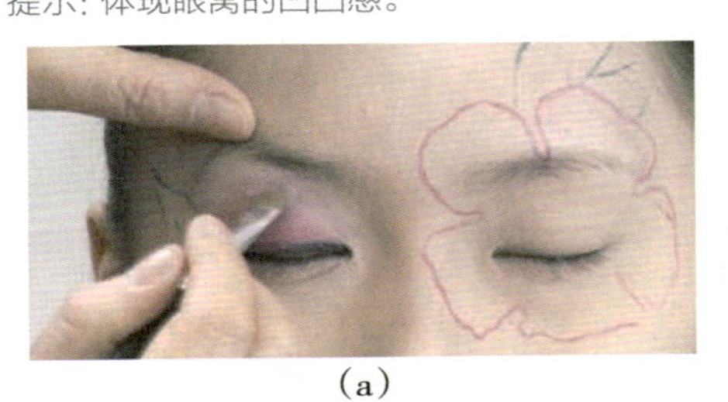
(a)

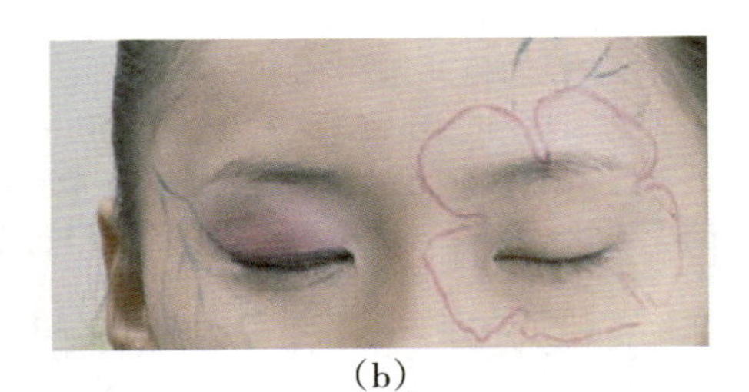
(b)

图3-2-16　提亮眉骨

(10)画下眼影。

①下眼线眼影从外眼角根部向内眼角涂抹,适当连接到上眼影,上下连贯。

②先用深色涂抹,再用浅色晕开,涂抹均匀。提示:范围不要过大。

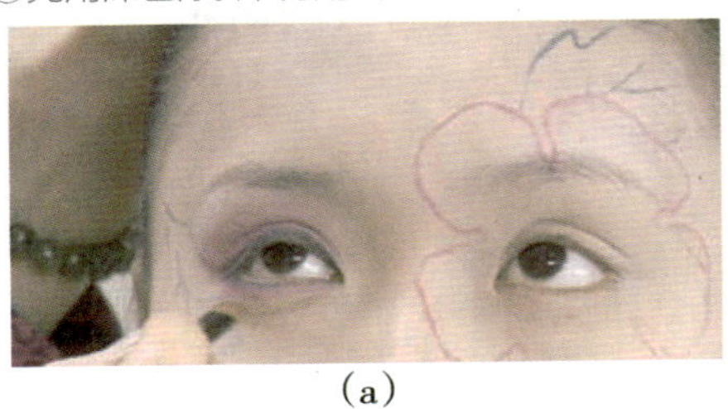
(a)

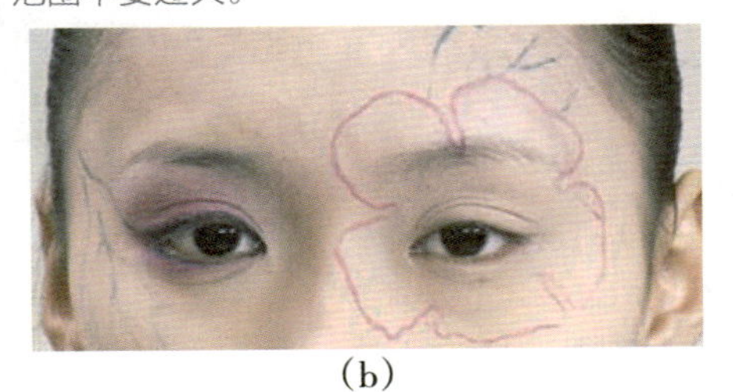
(b)

图3-2-17　画下眼影

(11)花卉涂色。

从一片花瓣开始,可以用单色晕染,直接作浓淡处理。花瓣外缘着色向花心晕染均匀即可。

图3-2-18　花卉涂色

（12）叶子涂色。

叶子的色彩不要太鲜艳，但也要有层次，涂色要从叶脉开始。

图3-2-19 叶子涂色

（13）画眉毛。

①画右眉时眉头稍微加重一些。根据模特的眉形，眉头向前加长，效果更好。

注意：往前加长的部分不要太实，向前逐渐变虚。

②眉峰稍微画高一点，眉形画整齐。

③画完后用眉刷扫一下。

④画左眉时，用棕色眼影粉在眉头部位轻扫一下即可。眉色不要画得过深。

提示：因花妆比较优美，眉峰不要过于尖，眉毛画得优美一点。

(a) (b) (c) (d) (e) (f)

图3-2-20 画眉毛

（14）打腮红。

妆形以红色为主，因此选用暖色刷腮红。可以选用粉红、偏桃红均可。不用顾及图形，直接刷，与图形融合即可。

提示：

①观察脸的形状，确定腮红位置，位置高低因人而异。

②脸型较尖，腮红越低，显得脸越窄，所以在颧骨边缘偏高一点刷腮红。

(a)

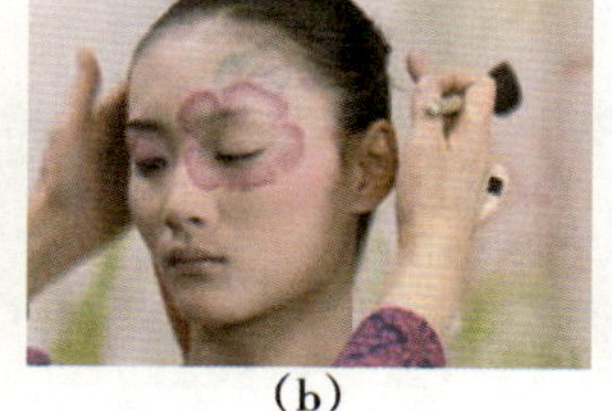

(b)

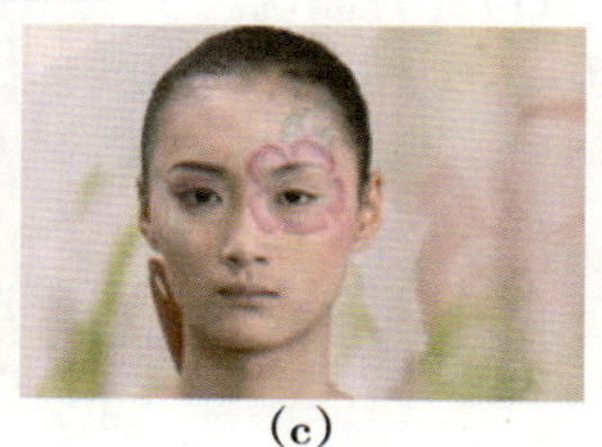

(c)

图3-2-21 打腮红

（15）粘假眼毛。

①完成左右眼妆的对称。

②选择夸张些的假睫毛，可以适当地修理，符合模特的眼长。

③粘假睫毛

提示：睫毛可以夸张一些，效果更好。

（a）

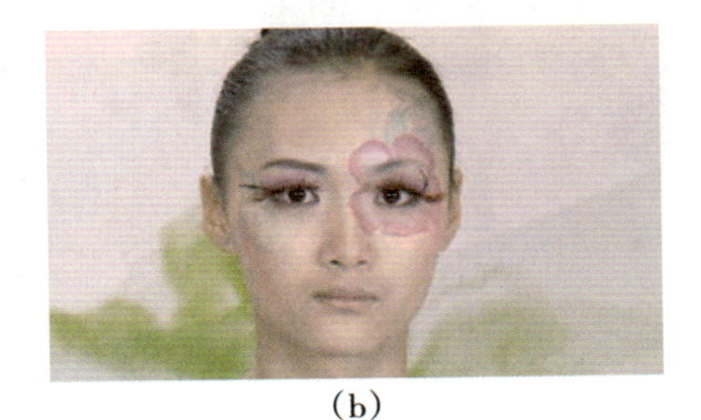
（b）

图3-2-22　粘假眼毛

（16）勾唇形。

根据模特唇部上厚下薄的特点，在勾画唇线时，可以将下唇形画得厚一些。

①若选择眼妆色彩的唇色，可以用油彩颜料，以偏冷的粉色勾出轮廓。

②若颜色不太清晰，就选用深一点的颜色勾一下。提示：

①勾勒下唇时靠外一些，上唇靠内一些，效果更好。

②观察唇是否对称，再加修整。

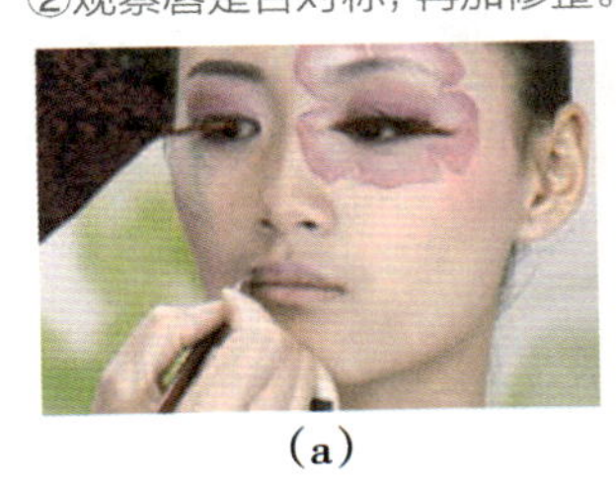
（a）

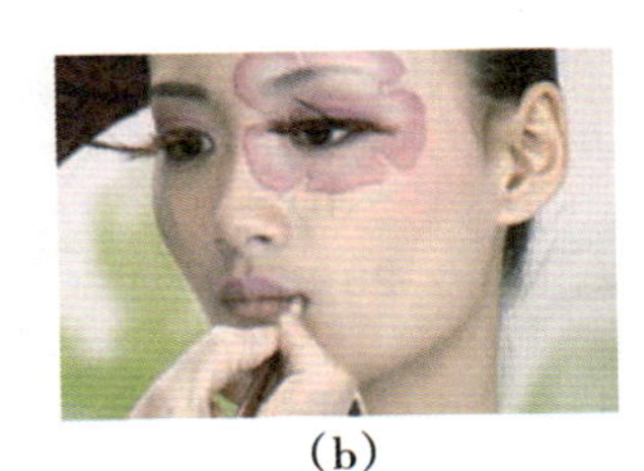
（b）

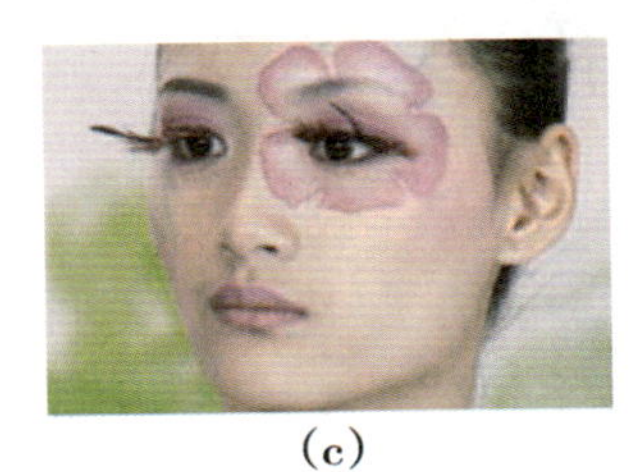
（c）

图3-2-23　勾唇形

（17）涂唇色。

①用浅粉色涂唇的中间部位。

②用略深一些的唇色涂嘴角部位，画出唇部的凹凸感。

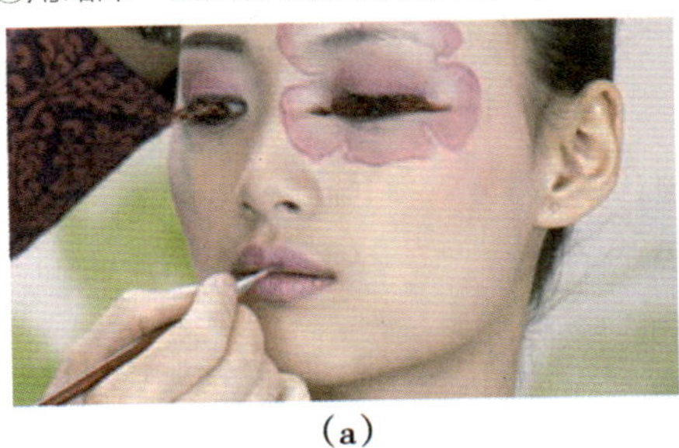
（a）

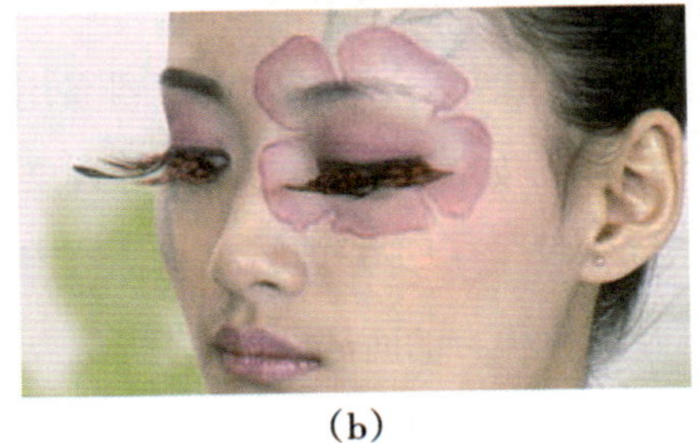
（b）

图3-2-24　涂唇色

（18）修正嘴形。

用干净的唇线笔蘸粉底膏，勾勒唇形，将粉底晕开，与嘴边的粉底衔接，突出唇部的轮廓感。提示：

①浅色唇彩会显得轮廓不清晰，修正唇形可以改善这个问题。

②特别是要勾勒上唇部位。

（a）

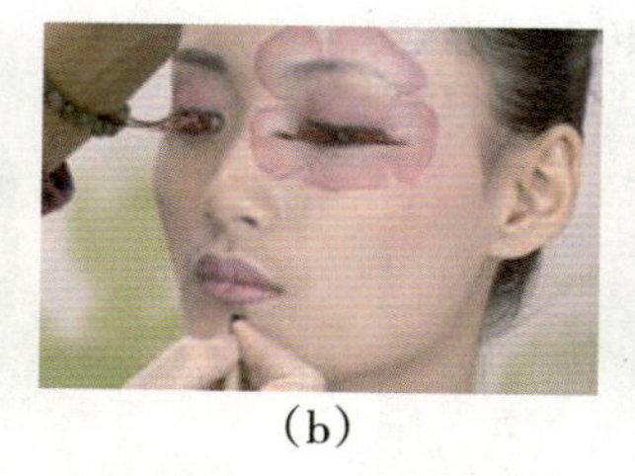

（b）

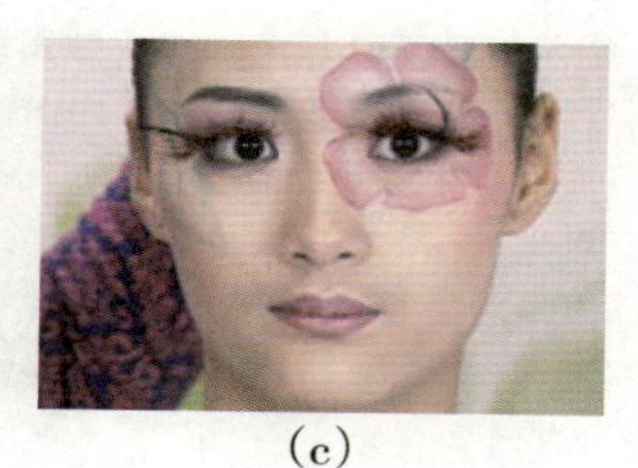

（c）

图3-2-25　修正嘴形

（19）整理妆面。

根据妆面效果，查看妆形妆色中不太理想的地方，再稍加修改，补粉底、描唇的轮廓等。提示：

①有时候可以上一些亮粉，该妆形比较温柔，不上亮粉也可以。

②化妆时间较长，粉底变浅，可以打一点粉底。

（a）

（b）

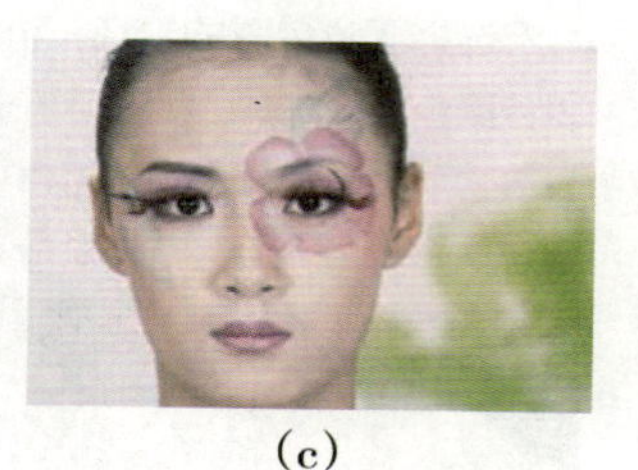

（c）

图3-2-26　整理妆面

三、学生实践

活动方式：花妆实操训练——按照绘制的花妆妆形效果图，完成实际操作真人模特的化妆。

（一）操作之前要做的事

（1）分组：两人一组，其中一人准备用具；另一人清洗面部，擦护肤用品。

（2）把化妆品排放整齐，把设计效果图粘贴在镜子上。

（3）修眉：将眉头修理整齐，眉尾部修理得短些、少些。

（4）观察模特的面部结构，分析是否适合所设计的妆形操作。若难度较大，可以对妆形设计稍加修整。如眉眼之间距离较小，眼影部位无法设计效果，经过考虑后可以适当地更改效果图的局部。

（5）观察模特的肤色，分析所适合的妆面色调。若模特肤色与效果图色彩不适合，可以适当修改。

（二）操作中会出现的问题

（1）眼影操作中颜色相互衔接不均匀。

（2）画眼线时线条不流畅、不均匀。

（3）花妆图形画得不优美，结构不准确。图形位置与面部结构不吻合。

（4）花卉与叶子在妆面组合容易生硬、死板。

（5）眉头与鼻侧影衔接虚实不得当，结构位置不准确。

（6）内外眼角的眼线不容易处理好。

（三）操作中要注意的事项

（1）画眼线时一定要将眼线笔修尖修好，或者用最小号的勾线笔蘸取眼线膏完成。

（2）花妆中的眉毛设计一般不是常见的标准眉形，甚至不需要眉毛。可以将重点放在眉头位置，与眼窝、鼻梁自然衔接，并准确地强调出结构线。因此，眉头与鼻侧影使用的颜色和晕色很重要。

（3）打腮红或轮廓色的浓淡和位置，要根据脸形及妆形的要求完成。

（4）花妆操作中，眼形会比较夸张，因此，眼影的范围既要美观，又要符合眼部骨骼结构。

（5）画眼形时要注意，用眼线笔尖压在眼睫毛根部，向前移动，完成眼线的操作。

（6）操作眼线时，要注意眼线笔要画在眼睫毛根部，不要画到眼睛里。

我在操作中遇到的问题是：____。

我感觉自己画的妆形优点是：______________________________________。

我感觉自己画的妆形不足的是：____________________________________。

四、检测评价

本项目的学习已经完成，根据作品的完成效果，检验所学知识的掌握情况。花妆妆形实操训练检测评价如表3-2-2所示，请在相应的位置画“√”，将理解正确的内容写在相应的位置。

表3-2-2 花妆妆形实操训练检测评价表

评价内容	评价标准			评价等级
	A（优秀）	B（良好）	C（及格）	
准备工作	工作区域干净整齐，工具齐全，码放整齐，仪器设备安装正确，个人卫生仪表符合工作要求	工作区域干净整齐，工具齐全，码放比较整齐，仪器设备安装正确，个人卫生仪表符合工作要求	工作区域比较干净整齐，工具不齐全，码放不够整齐，仪器设备安装正确，个人卫生仪表符合工作要求	A B C
操作步骤	能够独立按照花卉妆形效果图的内容，对照操作标准，使用准确的技法、规范的操作步骤完成花卉妆形的实际操作	能够在同伴的协助下按照花卉妆形效果图的内容，对照操作标准，使用比较准确的技法、规范的操作步骤完成花卉妆形的实际操作	能够在老师的帮助下，对照操作标准，使用比较准确的技法，按照比较规范的操作步骤完成实际操作。	A B C
操作时间	规定时间内完成项目	规定时间内在同伴的协助下完成项目	规定时间内在老师的帮助下完成项目	A B C
操作标准	能够独立操作完成花卉图形在妆面的绘画，图形大小适合，形状优美、自然	能够与同伴协助下完成花卉图形在妆面的绘画，图形大小比较适合，形状比较自然	能够在老师的帮助下完成花卉图形在妆面的绘画，图形大小比较适合，形状不太自然	A B C
	能够独立将眼形结构、眉形结构衔接自然，花卉图形吻合面部凹凸结构及纹路	能够在同伴的协助下，将眼形结构、眉形结构衔接自然，花卉图形比较吻合面部凹凸结构及纹路	能够在老师的帮助下将眼形、眉形结构衔接，花卉图形不太吻合面部凹凸结构	A B C
	效果符合设计意图	效果基本符合设计意图	效果不太符合设计意 图	A B C
	能够独立按照花卉图形的用色方法着色，符合妆面三色要求，主次分明	能够在同伴的协助下按照花卉图形的用色方法着色，基本符合妆面三色要求，比较有主次	能够在同伴的协助下按照花卉图形的用色方法着色，基本符合妆面三色要求，比较有主次	A B C

续表

评价内容	评价标准			评价等级
	A（优秀）	B（良好）	C（及格）	
操作标准	实操妆面整体层次清晰，色彩搭配协调、自然	实操妆面整体层次比较清晰，色彩搭配比较协调、自然	实操妆面整体层次不清晰，色彩搭配生硬、不协调	A B C
整理工作	工作区域干净整洁、无死角，工具仪器消毒到位，收放整齐	工作区域干净整洁，工具仪器消毒到位，收放整齐	工作区域较凌乱，工具仪器消毒到位，收放不整齐	A B C
学生反思				

五、知识链接

巴洛克艺术风格

巴洛克艺术风格原本是指17世纪强调炫耀财富、大量使用贵重材料的建筑风格，也因此牵动影响到当时艺术全面性的变革。巴洛克的字义源自葡萄牙语，意指“变了形的珍珠”，也被引用作为脱离规范的形容词。巴洛克虽然承袭矫饰主义，但也淘汰了矫饰主义那些暧昧的、松散的形式。由于受到巴洛克艺术风格的影响，在西洋服装史上，甚至用“巴洛克风格”一词来代替洛可可艺术风格。

“洛可可”一词源自法国词汇“Rocaille”，由此演变而来，其意思是指岩状的装饰，基本是一种强调C型的漩涡状花纹及反曲线的装饰风格。这种风格源自1715年法国路易十四过世之后所产生的一种艺术上的反叛。洛可可艺术风格与巴洛克艺术风格最显著的差别就是，洛可可艺术更趋向一种精制的优雅，具装饰性的特色。这种特色当然影响到当时的服装，甚至以“洛可可”一词代表法国大革命之前18世纪的服装款式。

项目三 云妆妆形设计效果图

项目导读

云朵是大自然中非常美丽的风景，它的优雅、洁白、遥远，让我们感觉如同进入仙境。这种情景会吸引人们的视线，陶冶人们的情趣。因此，它成为设计者常用的题材，也是灵感的来源。这种图形基本是由曲线组成。在色彩上优美、自然、飘逸。但也可以表现乌云的翻滚，强调暴风雨来临之前的景色。

工作目标

(1) 能够叙述简单的云朵造型特点。

(2) 能够学会云朵图形绘画方法。

(3) 能够学会云朵图形色彩的着色技法。

(4) 能够设计构思完成云朵妆形，并绘制成妆形效果图。

一、知识准备

(一) 云妆妆形的概念

云妆妆形是在妆面中，把以云朵不同动态的自然景象为题材的图形，简化、归纳出不同的形状，将其设计并应用在妆面上，体现出装饰美感的化妆手段。

(二) 云的图形种类

云的形态变化万千，从形状上分，有流云、片云、朵云、团云种种景象。从色彩上看，有白色、蓝灰色、淡紫色、粉色等。在应用中，图形基本上是用曲线绘画的居多。

（三）云的形态特点

表现云的造型基本上是用线勾画，再简单地着色。色彩不能过于浓艳。不同的云形有不同的特点。朵云有云头、云脚，云头稳重，云脚飘动。行云似流水，片云如白絮。

（四）云妆妆形的设计过程

在设计妆形之前，首先是学习理解云彩的形态特征和表现方法。其次是根据自己设计妆面的需要，进行构思，将云的图形适当地概括归纳，成为面部妆形设计的素材，然后应用在眼部、脸部、额头等部位；图形有虚有实、有浓有淡。最后选择适合的着色方法，根据眼部周边的凹凸结构完成眼影、眉毛、眼影、腮红、口红等着色，完成彩绘化妆的效果图。

（五）云妆妆形设计用具（如图3–3–1所示）

（1）事先画出面部图稿，复印多份待用。

（2）简单的云形图形资料、彩色铅笔、橡皮、转笔刀。

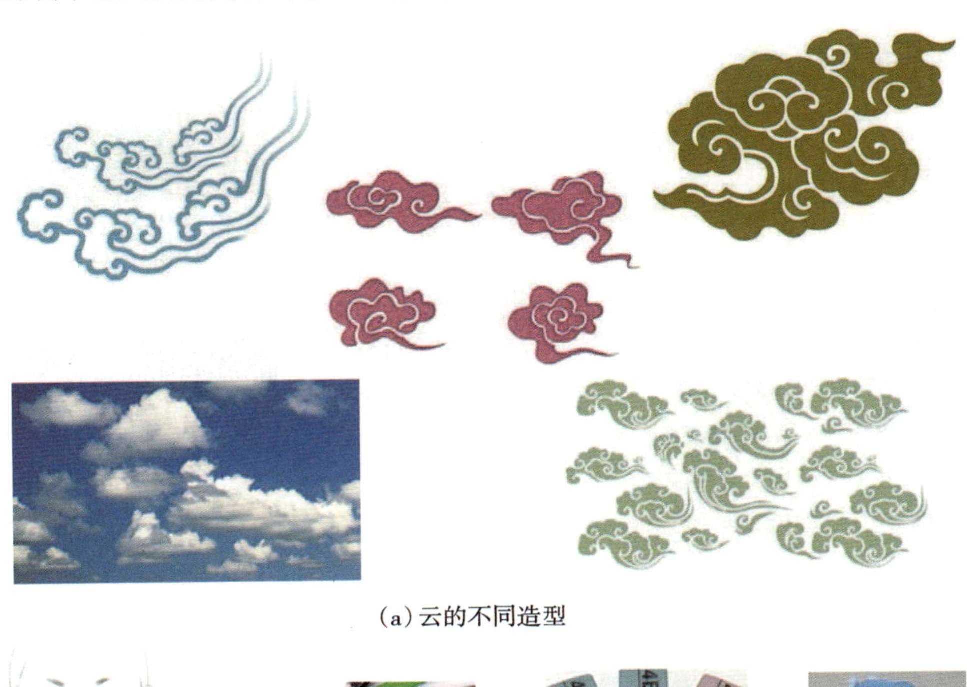

（a）云的不同造型

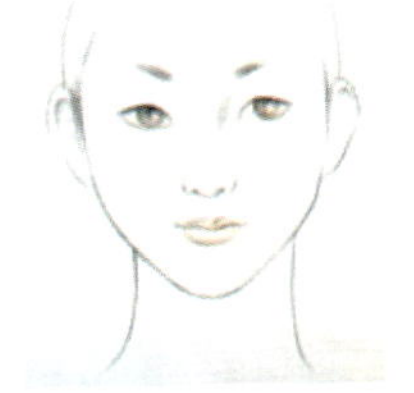

（b）事先画出的面部底稿

（c）彩色铅笔

（d）橡皮

（e）转笔刀

图3–3–1　云妆妆形设计用具

（六）云妆妆形的色彩应用

各种妆形设计所应用的色彩是综合的、多样的，要求配色时掌握各方面的色彩知识。对于云妆色彩来讲，妆面云的图形色彩不宜艳丽、不宜过于浓和暗。在妆面的妆色搭配过程中，现成的眼影色不一定很齐全，有时会用两色混合调出适合的颜色。因此在学习中要不断了解应用色彩基本混合的知识。

（七）色彩基本知识——色的混合

不同明度、纯度的颜色体现不同的效果。（如图3-3-2所示）

（1）三原色。

红、黄、蓝（第一次色）色泽鲜艳、强烈、纯度高。

（2）三间色。

橙、绿、紫（第二次色）两原色相互混合而成。色彩纯度略低于原色，但也属于较高纯度的色彩。

红+黄=橙

黄+蓝=绿

蓝+红=紫

（3）复色。

棕色、橄榄色、土色、酱色等，是由两间色混合而成。复色一般纯度较低，色泽浑灰，柔和而典雅，是生活中应用较多的色。

橙+绿=橄榄色（军装绿等，根据量不同，呈现的色也不一样）

绿+紫=酱色（酱紫、酱红或酱绿色等）

紫+橙=棕色（棕红、铁锈黄等）

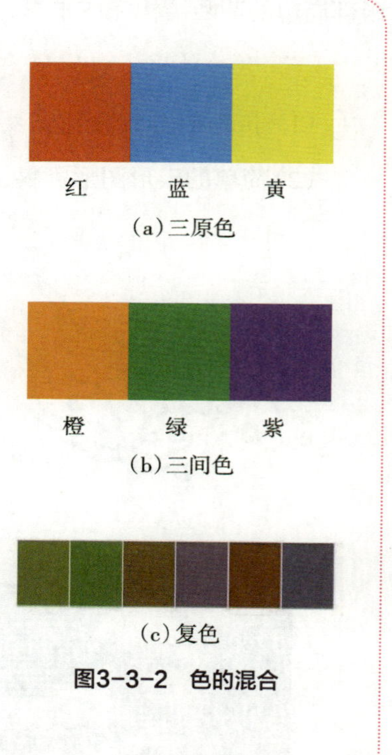

图3-3-2　色的混合

（八）云彩的基本用色（如图3-3-3所示）

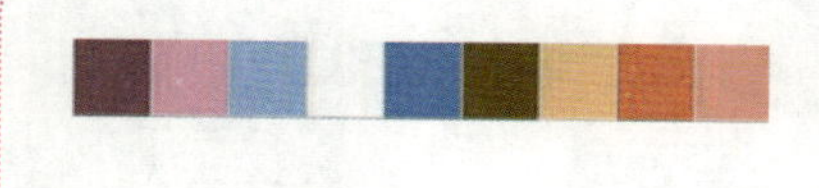

云彩的色彩多为淡蓝色、白色、淡粉、淡紫等。描绘图形轮廓时，用与之相应的暗化色完成。

图3-3-3　云彩的基本用色

（九）云妆妆形中形与色的基本要求

一幅主题鲜明的云妆设计作品，需要完成以下五个方面的内容：

（1）妆面中云朵的线条要轻松、飘逸。位置设计要与面部凹凸和谐。

（2）妆面云朵色彩浅而淡，效果自然，色调统一、有层次。

（3）云妆的图形内容要简单清晰，虚实得当。

（4）妆面三色搭配正确，颜色要淡化，并衬托云形。

（5）根据构思要求完成妆面设计作品的效果图。

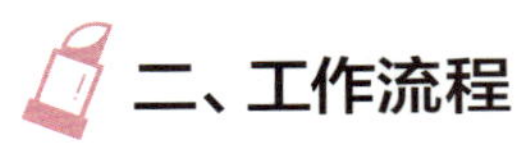

二、工作流程

（一）工作标准（如表3–3–1所示）

表3–3–1　工作标准

内　容	标　准
准备工作	工作区域干净整齐，工具齐全，码放整齐，仪器设备安装正确，个人卫生仪表符合工作要求
操作步骤	能够独立对照操作标准，使用准确的技法，按照规范的操作步骤绘制完成云妆效果图的实际操作
操作时间	在规定时间内完成项目
操作标准	云朵造型特点突出，图形绘画正确
	色彩过渡均匀，用色和谐，层次清晰自然
	能够将图形与眼形结构、眉形结构装饰优美，色彩应用得当
	绘制的画稿画面干净，用色搭配协调
整理工作	工作区域干净整洁、无死角，工具仪器消毒到位，收放整齐

（二）关键技能

云形绘画操作（如图3–3–4～图3–3–5所示）

（1）云形状勾画。

①行云的特点是水平状、扁平形，两头虚长，呈扁平小弯状。

②行云的线条是沿着水平方向略微上下飘动，图形中间完整，两边错位收笔。

③用湖蓝色彩铅勾出云的图形轮廓，弧线要平滑、飘逸。

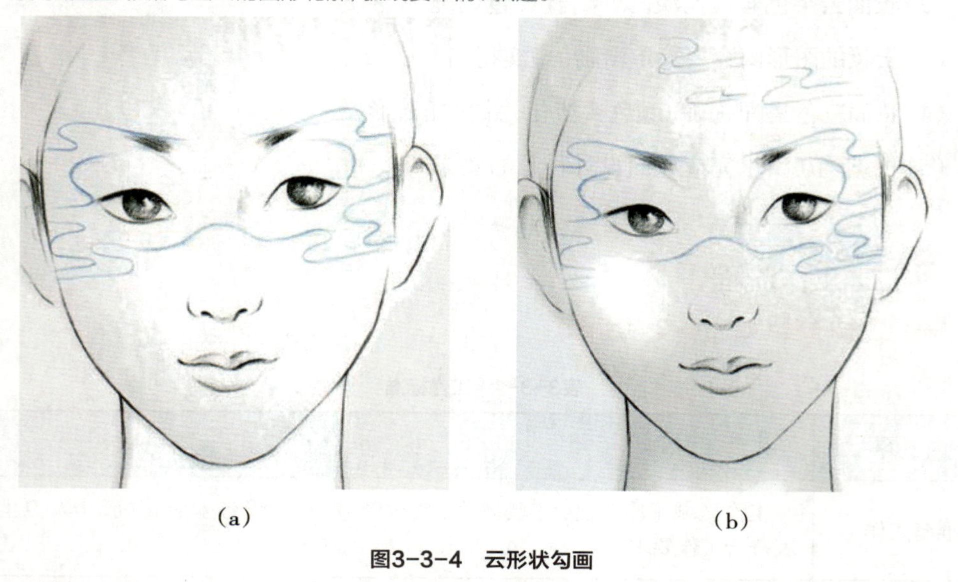

（a）　　（b）

图3-3-4　云形状勾画

（2）云的涂色。

应用单色晕染的技法完成，下面的线条用略深的蓝色向上晕染，上面留白。

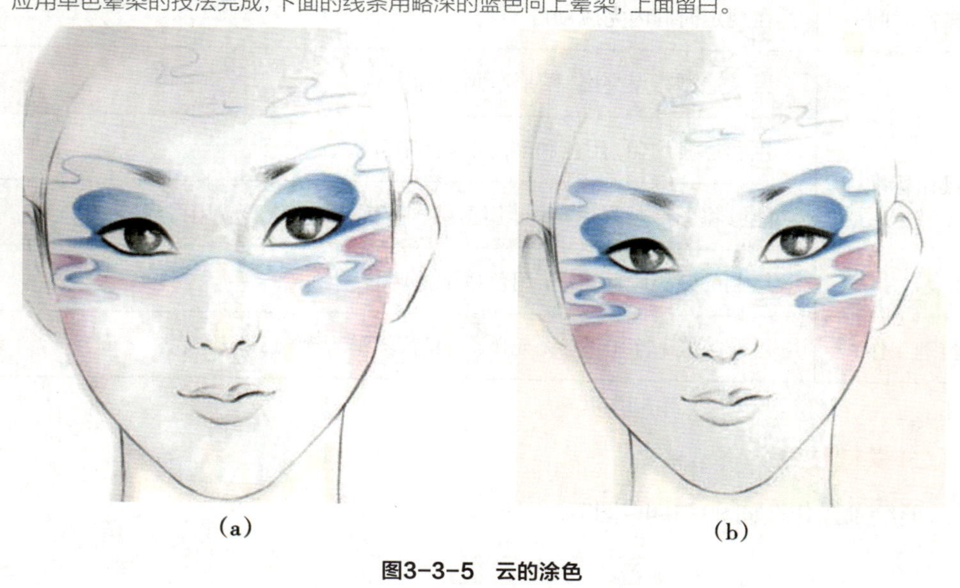

（a）　　（b）

图3-3-5　云的涂色

(三)操作流程

云妆妆形效果图绘制步骤如下:

1. 课前欣赏(如图3-3-6所示)

(a)

(b)

图3-3-6　课前欣赏

2. 课前准备的用具

头像模板和简单的云的图形。

绘画工具:彩色铅笔24色、转笔刀、橡皮。化妆品:眼影、腮红。

3. 操作程序(如图3-3-7～图3-3-17所示)

(1)准备面部底稿。

为了设计方便,事先画出一张面部头像。

图3-3-7　准备面部底稿

(2)在妆面设计云的图形。

在眼部周围勾画出云形的基本线条。

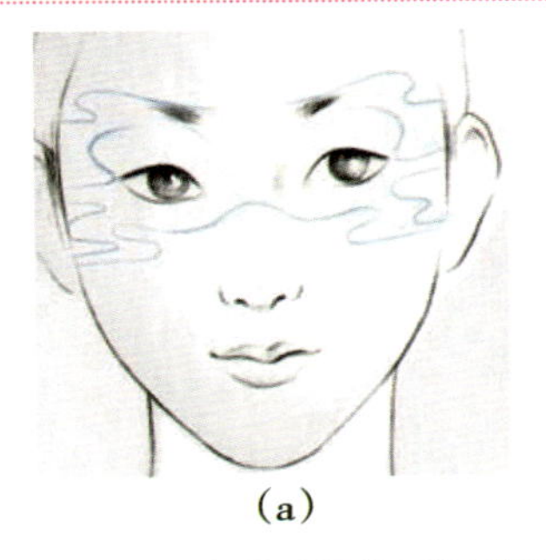
(a)

图3-3-8　在妆面设计云的图形

额头部位适当增加片云的点缀。

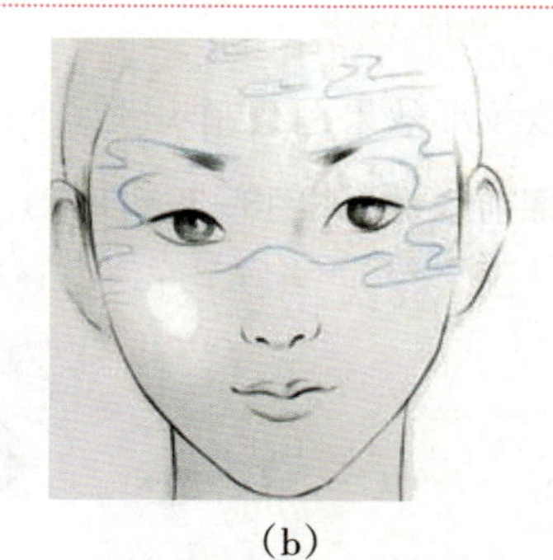

(b)

图3-3-8 在妆面设计云的图形(续)

(3)画眼影。

①按照眼窝的形状,画出眼影的范围。注意弧度偏椭圆一些。

②按照轮廓外形从上向下晕染,再从外向内晕染。

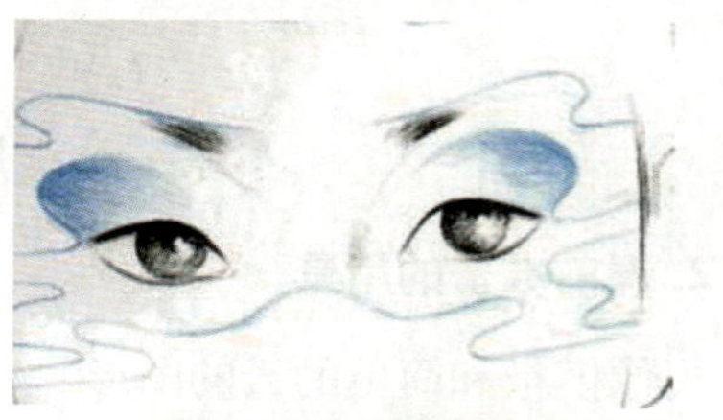

图3-3-9 画眼影

(4)画眼角图形。

①用湖蓝色彩铅将外眼角画长,与眼影弧度末端衔接,使眼角呈现云尾的效果。

②用湖蓝色彩铅描画出下眼线,并连接云尾处。

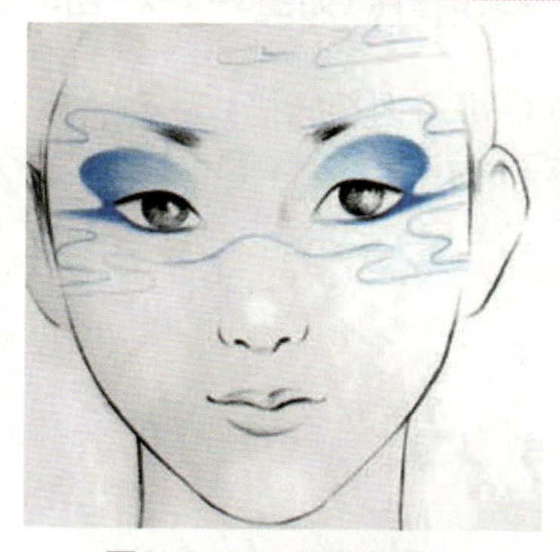

图3-3-10 画眼角图形

(5)画眼线。

用黑色彩铅将上眼线画粗,下眼线眼角描粗,眼角部位与上眼线眼角部位衔接,不留空。

图3-3-11 画眼线

（6）涂腮红。

操作中两颊部位的腮红要空过图形涂上，向周边晕染变淡。

提示：腮红可以用眼影粉涂，使颜色涂抹均匀。

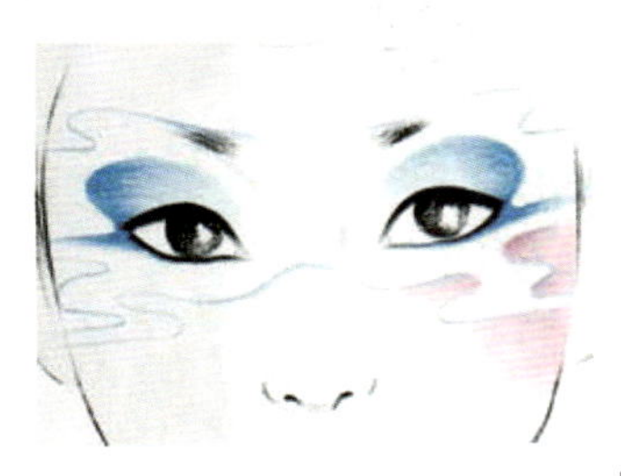

图3-3-12　涂腮红

（7）画图形色。

①画眼部下端的云时，沿着图形下边缘开始向两边晕染，在外围拐弯处涂色要浅，云尾处留白，并且要画虚。

②画眼上云时，沿着云上线横向晕染，下端留白。

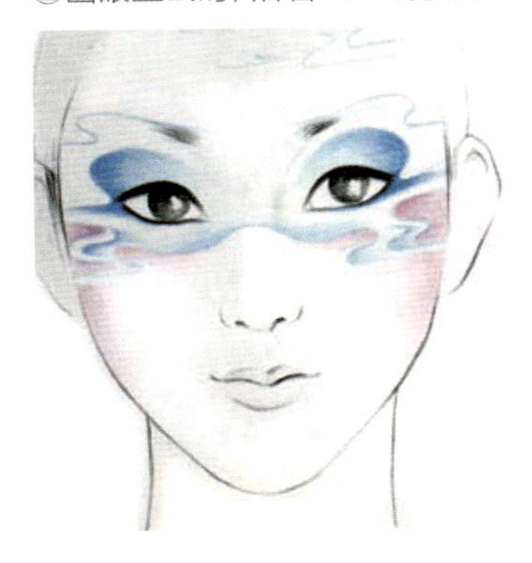

图3-3-13　画图形色

（8）画额头图形底色

用冷粉色的眼影粉在额头部位沿着发际线向里晕染。

提示：画底色时，空过云形轮廓。

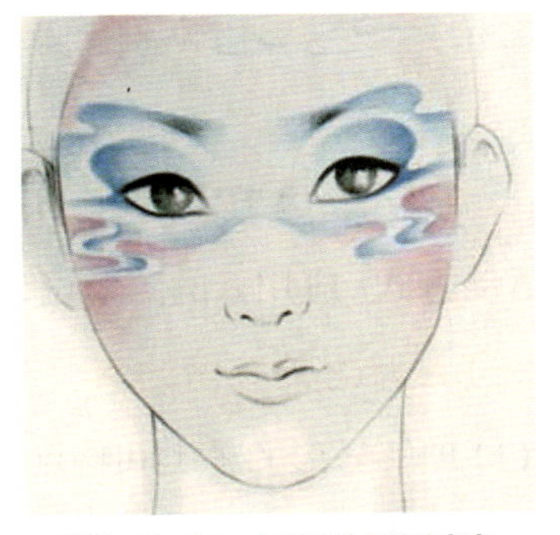

图3-3-14　画额头图形底色

（9）画额头的图形。

①画额头碎云：用淡淡的湖蓝色彩铅在额头的图形下线略微涂染。

②画太阳：用大红色彩铅绘画半圆形太阳，上半圆着色较浓，逐渐向下晕染至消失。

图3-3-15 画额头的图形

（10）涂唇色。

①唇色选择与腮红相近的颜色，先画出唇形，再涂色。唇中较浅，嘴角较深。

②用紫红色强调唇线深度。

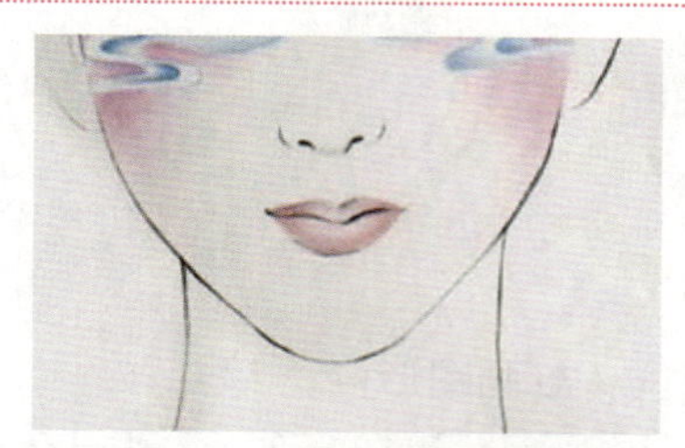

图3-3-16 涂唇色

（11）画睫毛。

外眼角的上眼睫毛部位画长、画浓，下眼线比上眼线略短。

图3-3-17 画睫毛

三、学生实践

活动方式：应用云的图形设计妆面，完成云妆妆形的效果图。

（一）设计之前要做的事

（1）理解云形的种类和特点。

（2）完成一张云的图形草稿，确定好着色使用的技法。

（3）用具准备齐全，把彩色铅笔修尖后绘制彩绘妆形效果图。

（二）云的图形在妆面色彩配色的注意事项

（1）效果图的妆色：色彩应用要合理，色调要统一，云形色彩不宜太过鲜艳浓重。面部色彩不超过三种颜色。要注意妆面的明暗层次。

（2）效果图的妆形：在妆面中根据妆形的需要，云的图形不宜过大，线条也不宜过于死板生硬，要舒展轻松。云的线条若画在眼帘上，其颜色及线条可以淡化、虚化，保证眼妆的美感。

（3）在妆面画图形时，事先考虑好妆面的用色，不要用黑色或较暗的色笔勾画图形。

（三）效果图绘制中容易出现的问题

（1）云形线条的弧度死板，云尾生硬。

（2）云形着色与眼窝之间的衔接不畅，装饰的位置不协调。

（3）妆面设计图形主次不分明，布局疏密不当。

（4）云的色彩层次和云妆主体色调互不协调。

我在绘制效果图的过程中遇到的问题是：________________________。

我感觉自己设计的优点是：________________________。

我的设计感觉不足的是：________________________。

四、检测评价

本项目的学习已经完成，根据作品的完成效果，检验所学知识的掌握情况。云妆妆形设计效果图检测评价表如表3–3–2所示，请在相应的位置画“√”，将理解正确的内容写在相应的位置。

表3–3–2　云妆妆形设计效果图检测评价表

评价内容	评价标准			评价等级
	A（优秀）	B（良好）	C（及格）	
准备工作	工作区域干净整齐，工具齐全、码放整齐，仪器设备安装正确，个人卫生仪表符合工作要求	工作区域干净整齐，工具齐全，码放比较整齐，仪器设备安装正确，个人卫生仪表符合工作要求	工作区域比较干净整齐，工具不齐全，码放不够整齐，仪器设备安装正确，个人卫生仪表符合工作要求	A B C

续表

评价内容	评价标准			评价等级
	A（优秀）	B（良好）	C（及格）	
操作步骤	能够独立对照操作标准，使用准确的技法，按照规范的操作步骤完成云妆效果图实际操作	能够在同伴的协助下对照操作标准，使用比较准确的技法，按照比较规范的操作步骤完成云妆效果图实际操作	能够在老师的指导帮助下，对照操作标准，使用比较准确的技法，按照比较规范的操作步骤完成云妆效果图实际操作	A B C
操作时间	规定时间内完成项目	规定时间内在同伴的协助下完成项目	规定时间内在老师的帮助下完成项目	A B C
操作标准	云的图形绘画正确，形态自然	云的图形绘画比较正确	云的图形绘画不正确	A B C
	色彩过渡均匀，用色和谐、层次清晰自然	色彩过渡比较均匀，用色比较和谐、有层次	将图形与眼形结构、眉形结构装饰得不够优美，色彩应用不得当	A B C
	效果图画面干净，主体突出，用色合理	效果图画面干净、主体比较突出，用色比较合理	效果图画面不干净，主体不突出，用色不够合理	A B C
整理工作	工作区域干净整洁、无死角，工具仪器消毒到位，收放整齐	工作区域干净整洁，工具仪器消毒到位，收放整齐	工作区域较凌乱，工具仪器消毒到位，收放不整齐	A B C
学生反思				

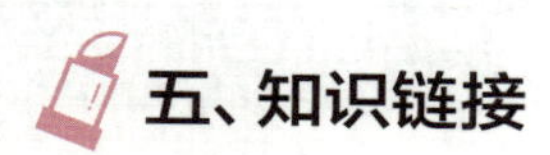

五、知识链接

时尚界十大艺术风格

(一) 新古典主义艺术风格

新古典主义艺术风格兴起于18世纪的中期，其精神是针对巴洛克与洛可可艺术风格所进行的一种强烈的反叛。它主要是力求恢复古希腊罗马所强烈追求的“庄重与宁静感”之题材与形式，并融入理性主义美学。这种强调自然、淡雅、节制的艺术风格，与古希腊罗马的题材形式结合所发展出来的服饰，也随即在法国大革命之后，跃升为服装款式的代表，特别是在女装方面。例如，以自然简单的款式取代华丽而夸张的服装款式；又如，排除受约束、非自然的“裙撑架”等。因此，从1790—1820年，这种艺术所追寻的淡雅、自然之美，在服装史上被称为“新古典主义风格”。

(二) 前拉斐尔派艺术风格

“前拉斐尔艺术风格”源于19世纪中期的英国，其艺术精神主要是追寻一种自然但却浪漫的色彩表现。这种艺术风格是对冷淡、生硬的艺术的一种反驳。痛斥“人与自然的疏离感”，希望透过艺术将“人性化”“自然化”“理想美”的特质结合表现出来。因此，当时的服装被誉为“理性美感式”的服饰。这种服饰风格与当时的“维多利亚风格”极端地对立，成为英国社会追寻服饰改革的代表款式。

(三) 超现实主义艺术风格

超现实主义艺术风格起源于20世纪20年代的法国，是受弗洛伊德的精神分析学和潜意识心理学理论的影响而发展起来的。超现实主义的艺术家们主张“精神的自动性”，提倡不接受任何逻辑的束缚，是一种非自然合理的存在，梦境与现实的混乱，甚至是一种矛盾冲突的组合。这种任由想象的模式深深影响到服装领域，带动出一种史无前例的、强调创意性的设计理念。

项目四 云妆妆形实操训练

项目导读

云妆的妆形既强调云形飘逸的美感，又要突出妆面轻松随意的风格。在实际操作中，要求能够理解掌握云形动态特征，用流畅、婉转的曲线描绘各种云形，把它们表现在妆面上，完成彩绘创意妆形。本项目要求：通过对云妆的学习，能积累题材，丰富不同妆形的创意思路，增强创作灵感，提高创新能力。

工作目标

（1）能够学会在面部完成云形的绘画方法。

（2）能够叙述云形的种类及特征。

（3）知道云形的自然规律。

（4）学会按照云形的规律着色。

（5）学会将云的大小、形状、位置合理应用于面部结构。

（6）通过运用云的造型、色彩完成妆面设计。

（7）学会在眼睛、眉毛适当位置进行装饰，提高创意妆形的能力。

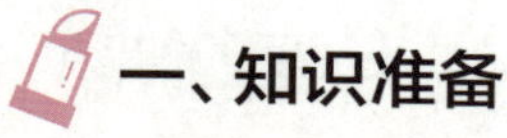

一、知识准备

（一）云图形的表现方法

首先选择绘画哪种动态的云形（朵云、行云等），用白色或蓝色眼线笔、小号勾线笔蘸略浅一些的油彩颜色（如淡蓝色、淡灰色或淡紫色等）勾出云的形状。注意云头与云尾的特点，如云形两边水平飘逸的行云。（如图3-4-1所示）

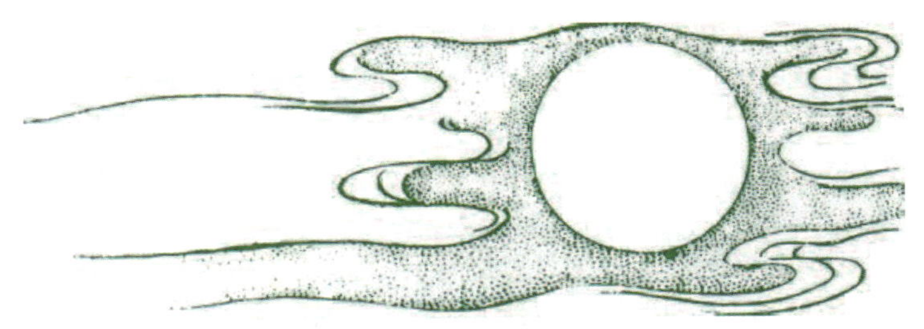

图3-4-1　行云：云形两边水平飘逸

（二）色彩技法

单色勾线或平涂：云的轮廓内填色时不能全部填满，留点云的层次线。（如图3-4-2所示）

云头低，云尾高，云梢高

云头高，云尾低，云梢平

图3-4-2　单色勾线或平涂

（三）渐变晕染

渐变晕染分为单色晕染、两色晕染、多色晕染。（如图3-4-3所示）

图3-4-3　渐变晕染

彩色朵云：　色彩变化丰富

（四）云妆妆形的化妆效果（如图3-4-4）

图3-4-4　云妆妆形的化妆效果

（五）云妆妆形的操作用具

1. 专业化妆用具（如图3-4-5所示）

修眉工具、粉底霜或粉底液、化妆套刷、白色和黑色眼线笔、眼线膏与眉笔、眼影板、腮红、干湿粉扑、假睫毛与睫毛胶、睫毛夹、唇彩等。

卸妆用品：卸妆水、卸妆油、洗面奶、卸妆棉。

（a）常用的眼影色板

（b）假眼睫毛

图3-4-5 专业化妆用具

2. 彩绘化妆用具

彩绘创意化妆应用的用具可以使用专业的化妆用具，另外再备几支由小到大的勾线笔和油彩颜料、装饰亮粉、面巾纸等。

3. 云妆妆形操作效果对模特的要求

云妆妆形主要强调妆面轻盈、飘逸的效果。对模特来说，塑造这种气质风格，其自身条件也很重要。但对于大气十足的气质形象，确实不容易塑造。另外，模特肤色深浅会直接影响云妆妆容的用色，不同肤色可以设计与之相协调的妆色风格。但皮肤较暗的模特妆色浑厚充实，操作中有难度。

在眼妆的操作中根据云妆效果图，仔细观察模特的结构特点画眼形，若妆面画的是朵云图形，画眼角时可以向上拉长眼线，就像朵云中云尾的效果。若妆面画的是流云或行云，画眼角时可以水平拉长眼线，体现出静止的状态。

（六）云妆妆形操作的基本要求

（1）按照操作顺序完成每一个步骤。

（2）化妆笔要随时清洗，画油彩用的笔不要与画眼影的笔混用，保证妆面颜色干净。

（3）云的图形要按照效果图设计的位置确定，但也要适当根据模特的特点略加修改，布局要得当。

(4)妆面图形可以用眼影色完成图形的色彩。

(5)眉头眉尾在妆面中不用修饰。

二、工作流程

(一)工作标准(如表3-4-1所示)

表3-4-1　工作标准

内容	标准
准备工作	工作区域干净整齐,工具齐全,码放整齐,仪器设备安装正确,个人卫生仪表符合工作要求
操作步骤	能够独立对照操作标准,使用准确的技法,按照规范的操作步骤完成实际操作
操作时间	在规定时间内完成项目
操作标准	云的造型特点突出,图形绘画正确
	色彩过渡均匀,用色和谐,层次清晰自然
	能够将图形与眼形结构、眉形结构装饰优美,色彩应用得当
	妆面干净,用色搭配协调
操作标准	工作区域干净整洁、无死角,工具仪器消毒到位,收放整齐

(二)关键技能

云妆妆形中的操作技法:

1. 妆面勾画图形(如图3-4-6所示)

(1)妆面云的图形。

①沿着眉骨边缘向下画,至外眼角。

②从眉骨位置向眉头位置延伸。

③在外眼角画出水平状的云尾。

④在眉毛上方画一条线,画出云尾的形状。

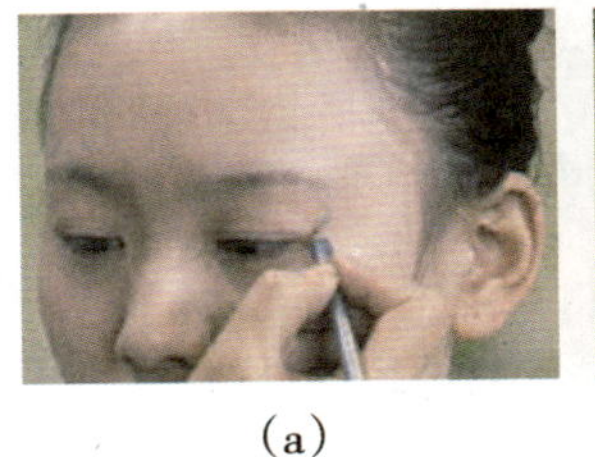

(a)

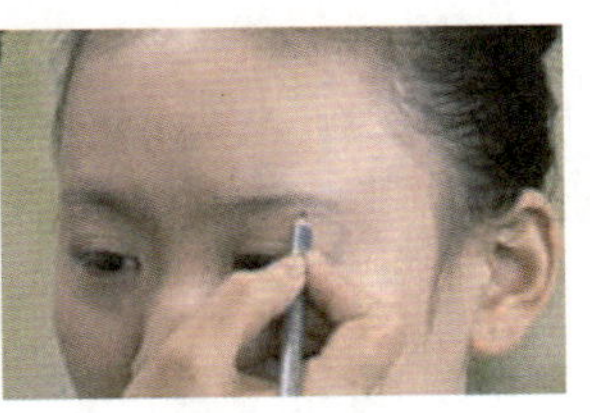

(b)

图3-4-6　妆面云的图形

提示：

①云形尾部是水平状的。

②落笔要轻，云尾要轻画，逐渐淡化消失。

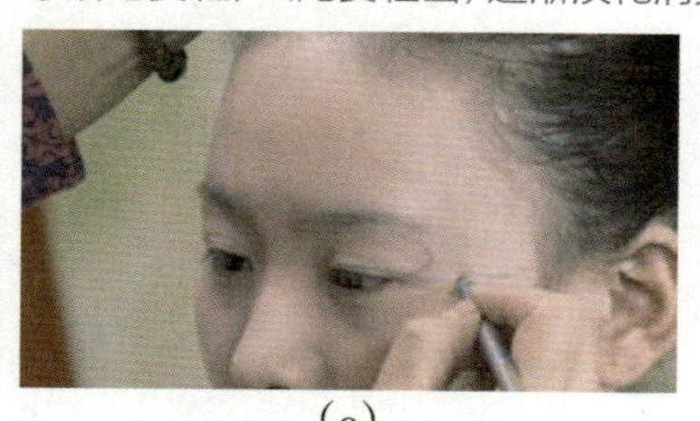

(c)

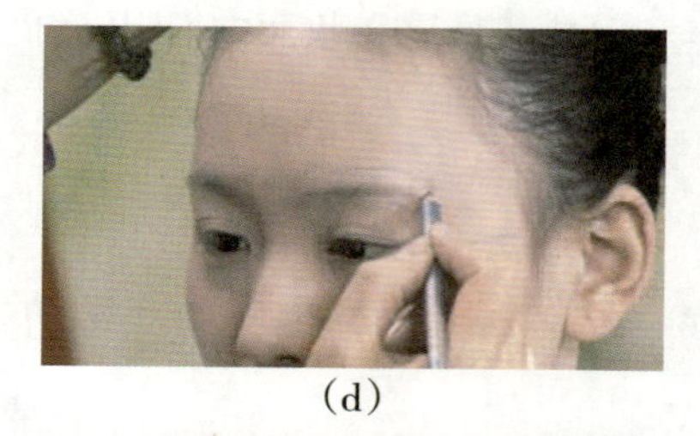

(d)

①在下眼线颧骨部位自然画出一条行云曲线。

②在其下方平行错位画出另一条行云曲线，逐渐延长至鼻梁，鼻梁部位淡化。

③再连至右边的脸。

提示：云形尾部是水平状的。

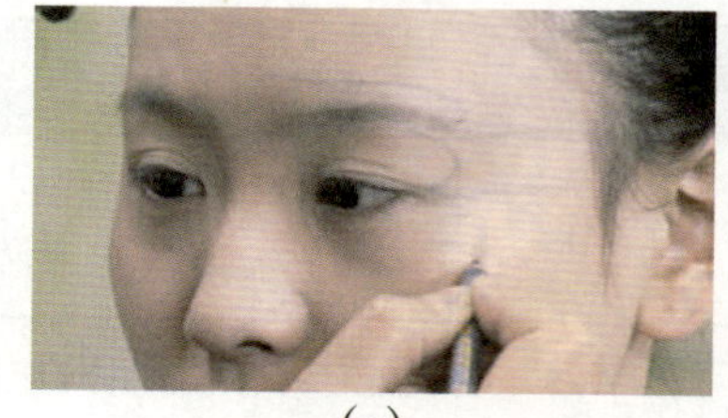

(e)

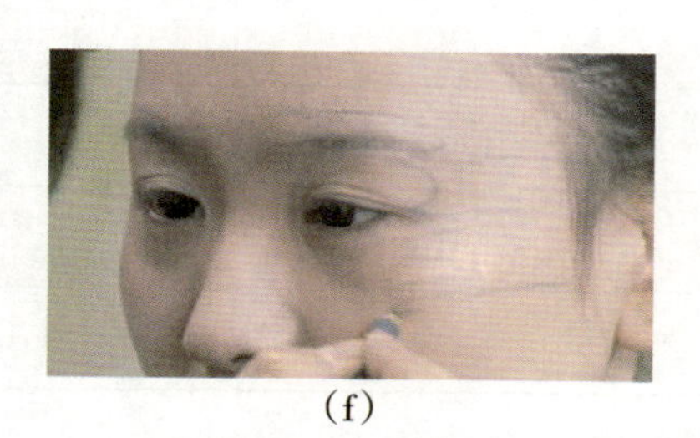

(f)

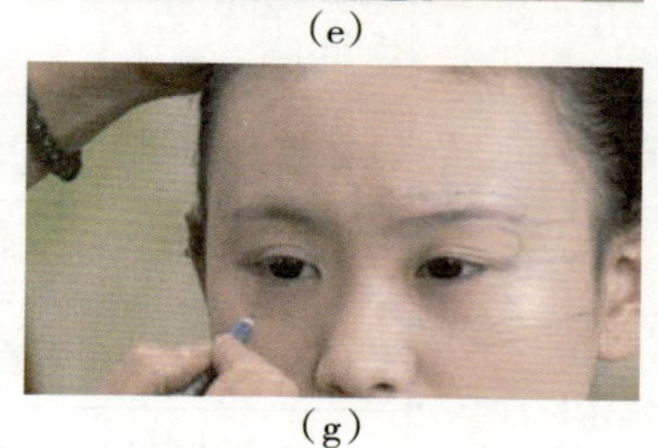

(g)

①先从眼帘位置画一弧度到眼角。

②再从眼尾水平画一云尾，观察两边是否对称。

③在额头处画出云形。额头处淡淡地衔接，构造出一个整体的效果。

④下眼线部位画出与左边对称的云形。

提示：云尾部分虚化，云形尾部是水平状的。

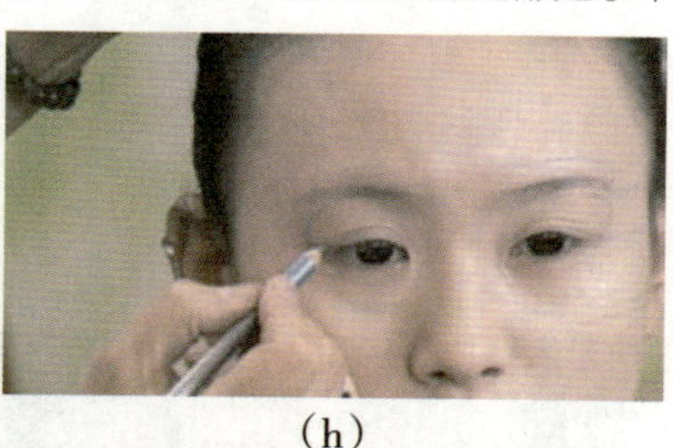

(h)

(i)

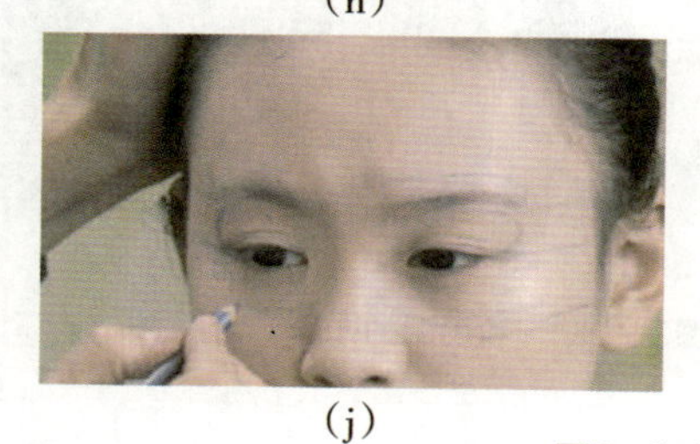

(j)

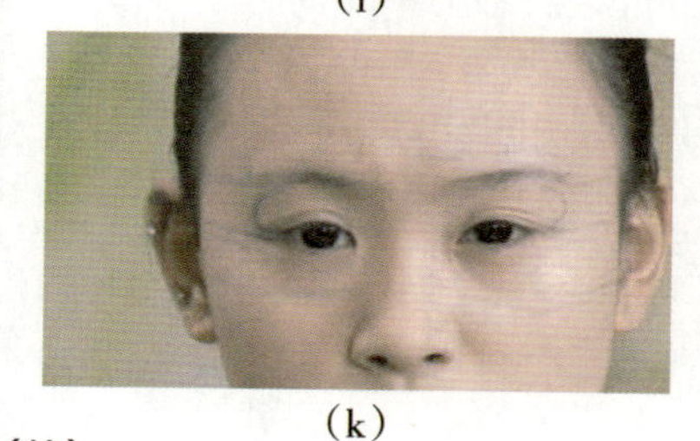

(k)

图3-4-6　妆面云的图形（续）

2. 图形涂色（如图3-4-7～图3-4-10所示）

（1）眼部图形涂色。

①将眼帘用白色眼影粉涂一层底色后，用湖蓝色按照眼部弧形轮廓涂抹，向下向内晕染。

②用蓝紫色从眼根开始向上向内眼角晕染，与上边蓝色衔接。

③用白色眼影粉在内眼角处涂抹提亮，与蓝色晕接自然。提示：

①轮廓要有，但不能太重。

②画完之后观察云的排列是否丰富饱满，画的云形是水平状流云。

③云形过于模糊时，一定要拿小号笔刷强调轮廓，增加清晰感。

④不强调眉毛形状，因其凹凸感影响整个云形的飘浮感，所以眉头不必画，也不必画鼻侧影。

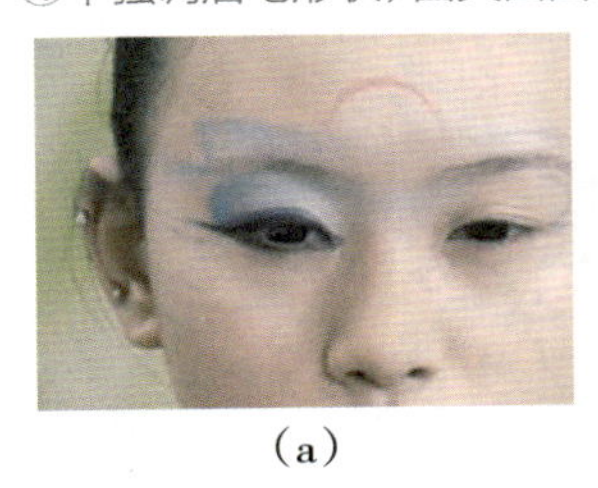
(a)

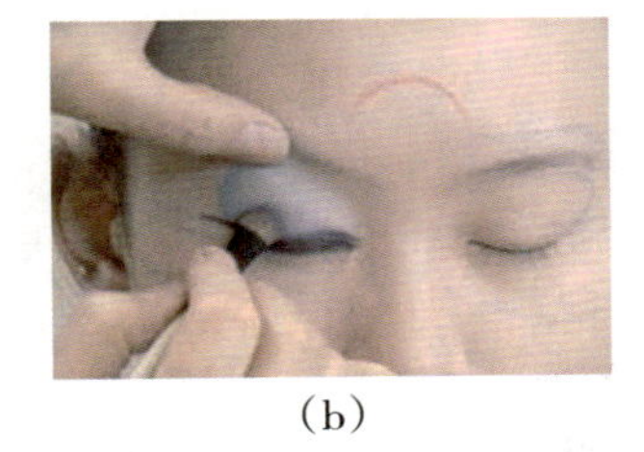
(b)

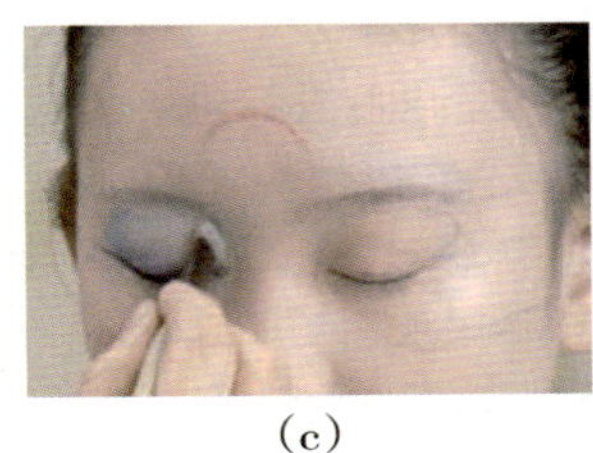
(c)

图3-4-7　眼部图形涂色

（2）面部图形涂色。

①从图形线条的下端横向晕染，这样可以看出云的轮廓。线条拐弯处不涂，只让水平线条轮廓清晰一些。画的同时观察颜色是否均匀。

②下眼云的线条晕染时，眼影刷笔尖垂直于面部晕色，横向涂抹。提示：

①云隐约存在，不要太鲜艳，有一种轻飘感即可。

②画云的线条时，要用非常细小的眼影笔。

③中间位置画的时候弯处留白。

④用同样的涂色方法完成中间部位线条的涂色。

⑤下眼线眼影从外眼角横向涂抹。

提示：画眼尾部位云形时颜色要与整体妆容协调，保持一致。内眼角扫一下即可。

画小弯时平行拉开。

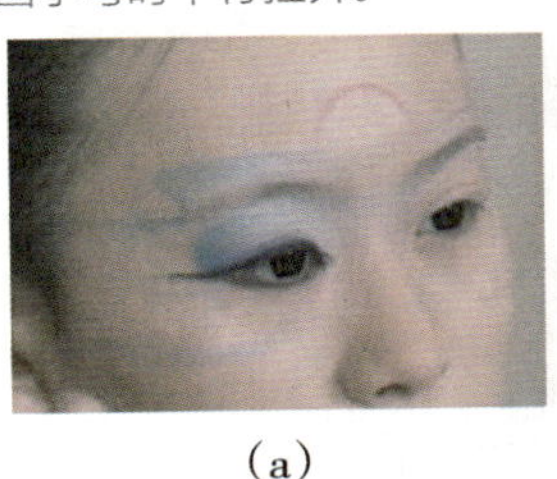
(a)

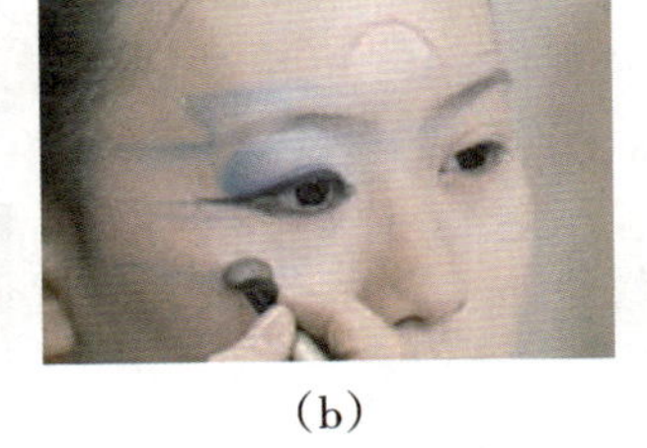
(b)

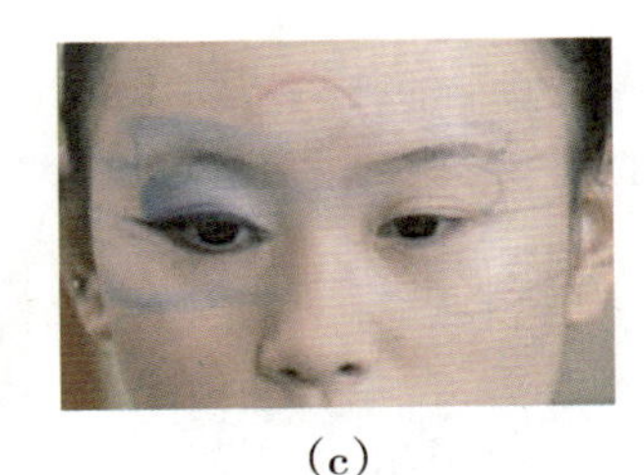
(c)

图3-4-8　面部图形涂色

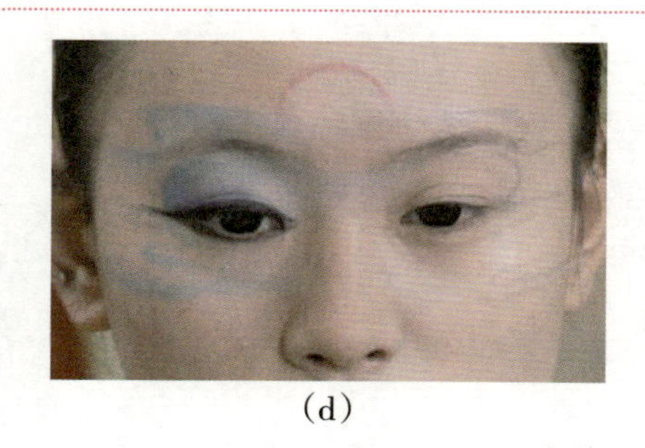

(d)

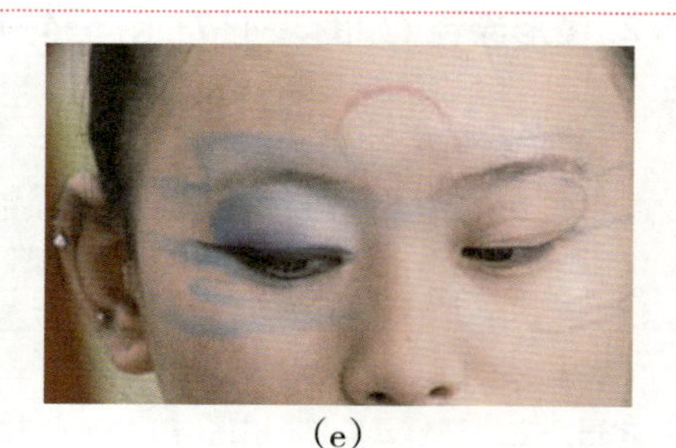

(e)

图3-4-8 面部图形涂色(续)

(3)强调眼根部位。

用小号眼影刷蘸取蓝紫色眼影，在下眼角眼根处横向涂抹。

提示：用蓝紫色眼影在眼部强调一下，和眼睛上眼线衔接好，形成一个整体。达到既有云的感觉，又有眼睛颜色漂亮的效果。

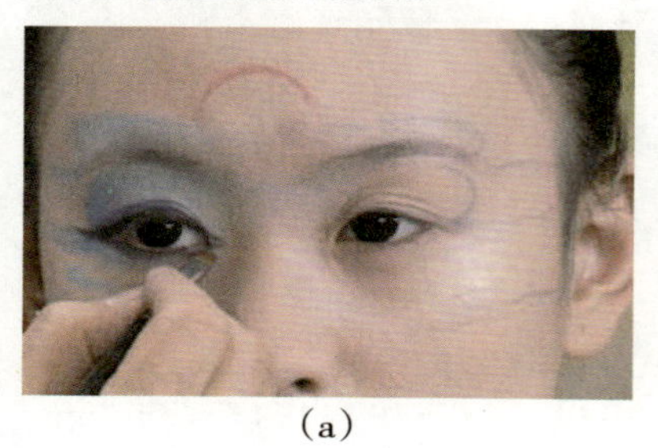

(a)

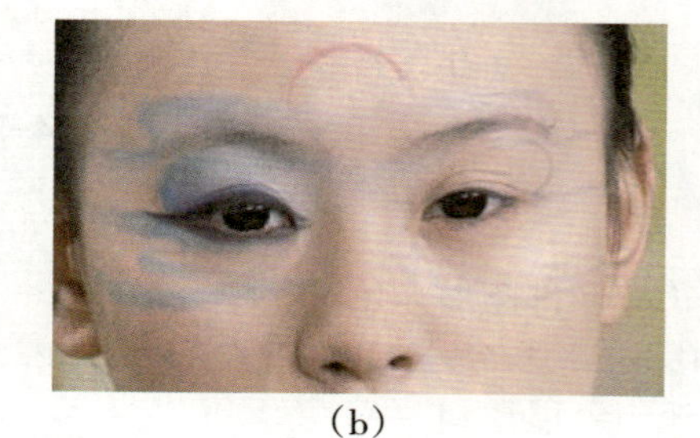

(b)

图3-4-9 强调眼根部位

(4)妆面图形提亮。

①用小号的眼影刷蘸白色眼影，先在图形内部的层次线外空白处填白提亮，可以观察出云的连贯性。

②用中号眼影刷蘸白色眼影粉，在眉头、鼻梁两侧提亮，涂完之后，可以用蓝色眼影稍微衔接云形线条，增加连贯性。

提示：提亮过程中用刷子适当清扫。

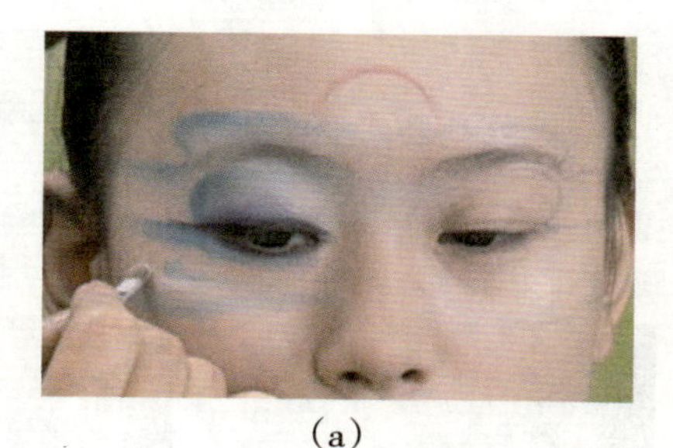

(a)

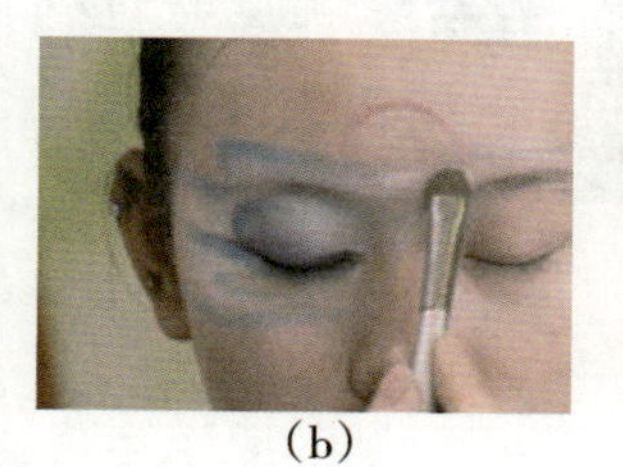

(b)

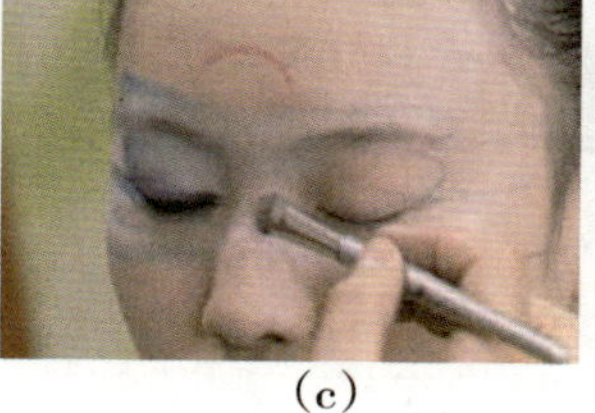

(c)

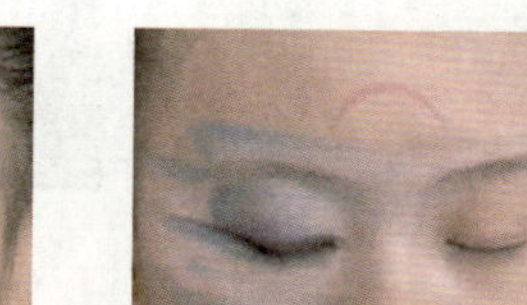

(d)

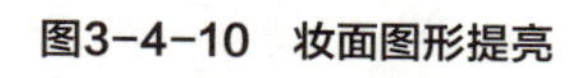

图3-4-10 妆面图形提亮

3. 画太阳（如图3—4—11～图3—4—12所示）

（1）画太阳。

①用红色眼线笔在额头部位画出半圆形轮廓，妆面体现云中隐约出现半个太阳的效果。

②太阳两边与下边的云形淡淡地衔接即可。

③用眼影笔蘸大红色眼影粉在太阳的外轮廓涂色，中间部位画浓一些，两边画淡。

④再用明黄色眼影粉在太阳的中下方涂色，与外围的红色晕接好。

(a)

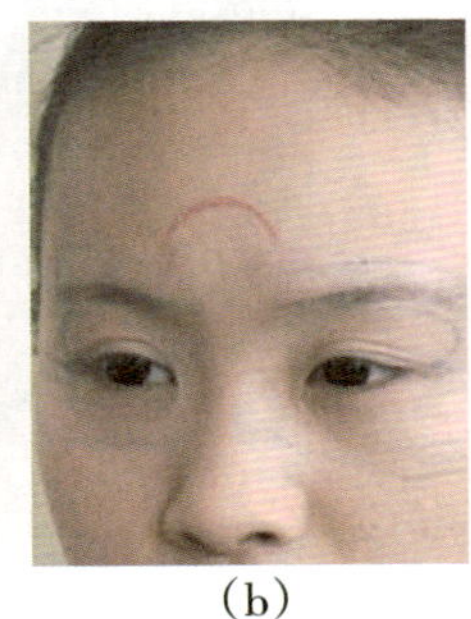
(b)

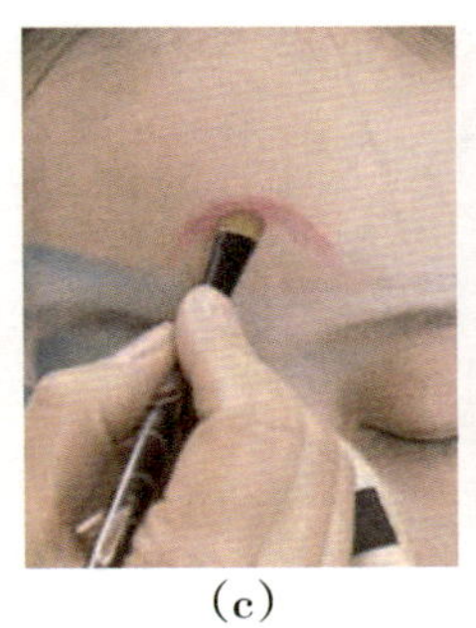
(c)

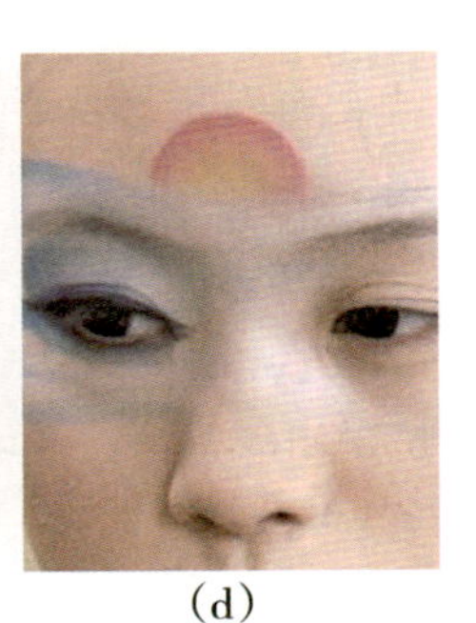
(d)

图3-4-11　画太阳

（2）太阳图形着色。

①用小号眼影刷蘸大红色眼影粉在太阳边缘轮廓按压。

②往里淡淡地晕色，红色不要超过下方的云线。

③太阳下方涂抹一点黄色，红和黄之间晕一下，涂抹均匀。

④用小号眼影刷蘸蓝色眼影粉对太阳下方的云形轮廓描画，强调云的轮廓。

⑤为了增加气氛，可在额头上增加一片云图，避免额头比较空。云的中间深，两边虚。

提示：用夕阳红的颜色比较合适，不要画成大红、特生硬的鲜红即可。红颜色稍微画淡一点。

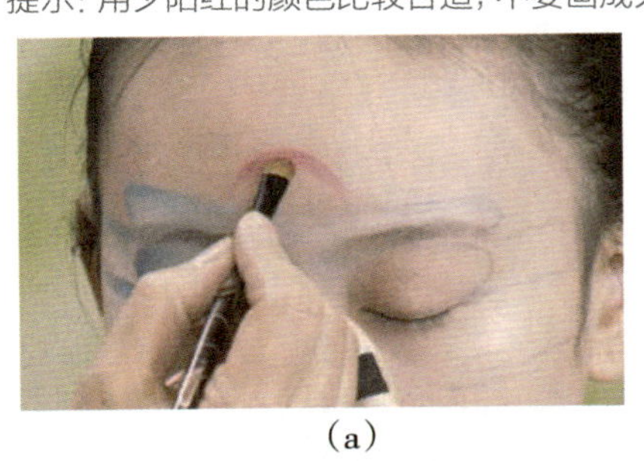
(a)

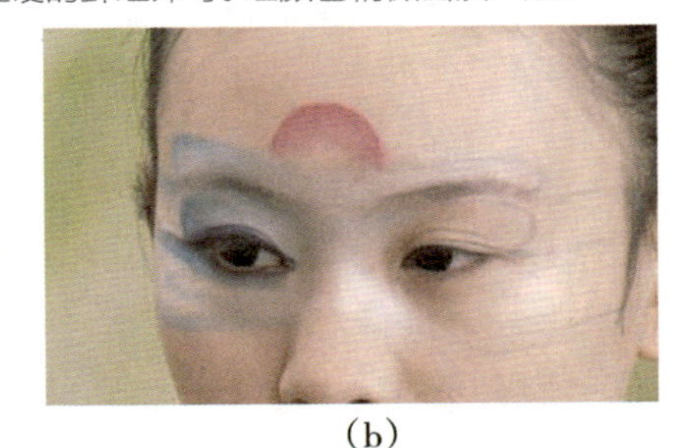
(b)

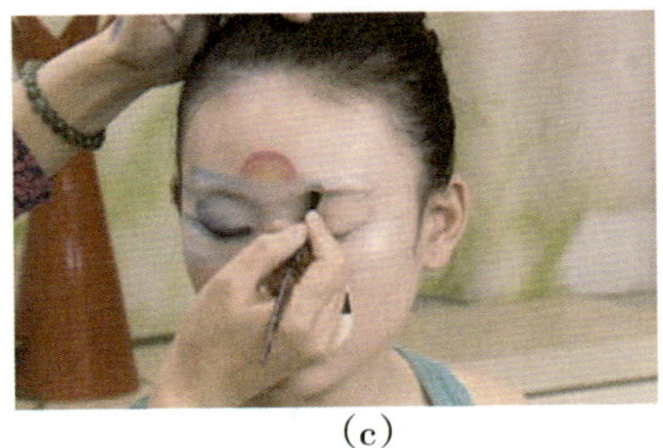
(c)

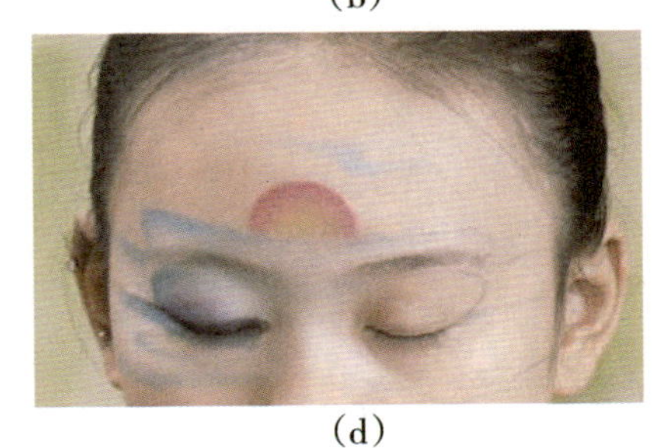
(d)

图3-4-12　太阳造形着色

4. 画眼线（如图3—4—13～图3—4—14所示）

（1）画上眼线。

用眼线笔从外眼角眼根处向内眼角画眼线，眼角外部水平画，直接连接云形梢部。

提示：

云形带有一种意境，眼线不要画得过于妖艳。

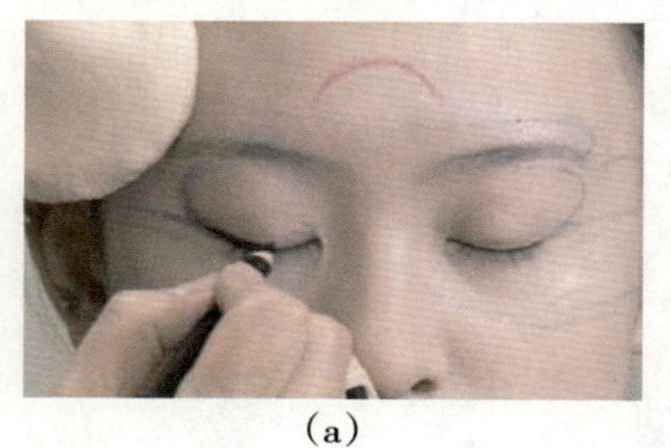

（a）

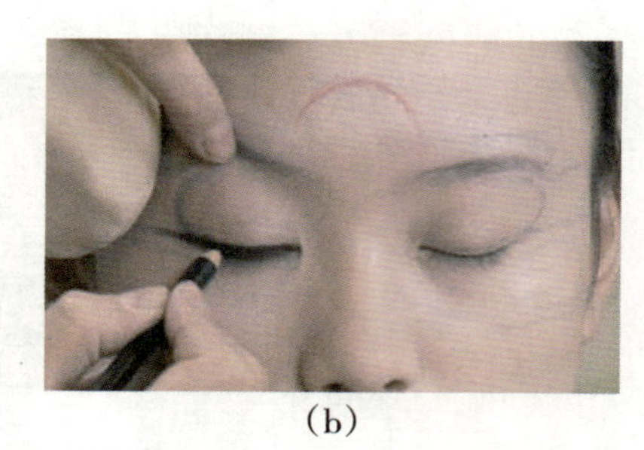

（b）

图3-4-13 画上眼线

（2）画下眼线。

①下眼线不要画得过粗，眼角部位画虚，逐渐过渡，连接到上眼线眼角的延长线。

②上部内眼角平着画出一尖。

③上下眼角的眼线涂实，不要留白色的边。

④画完之后，观察连接是否整齐，然后进行调整。提示：

①眼角部位不要特意涂得很深，自然衔接即可。

②不同人的眼形不同，要在操作中适当调整。

③虽然下眼线不要画重，但也不能模糊一片，要画出水平眼角。

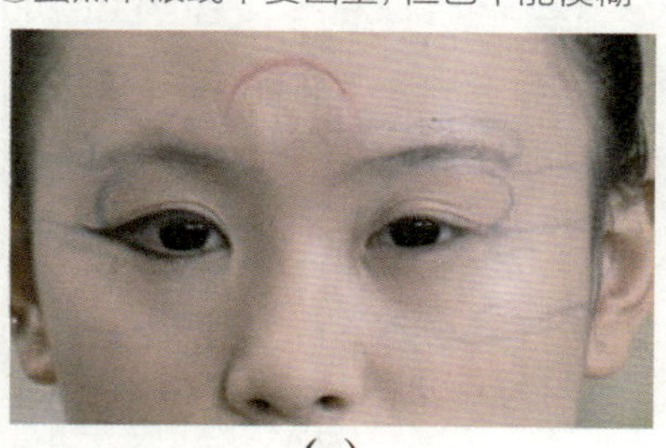

（a）

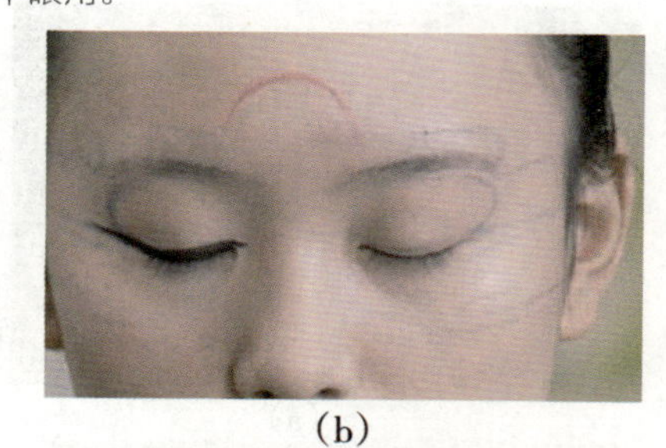

（b）

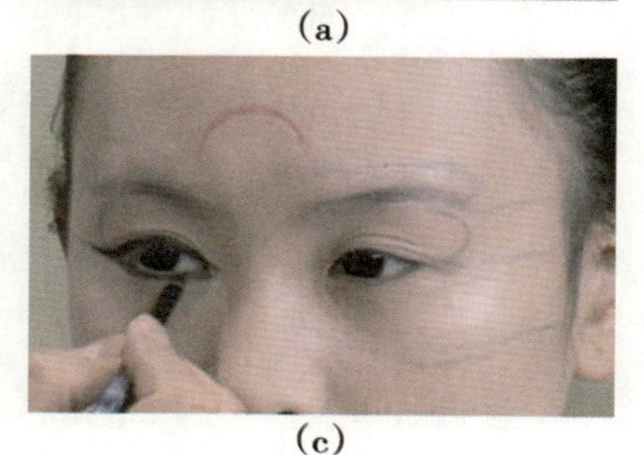

（c）

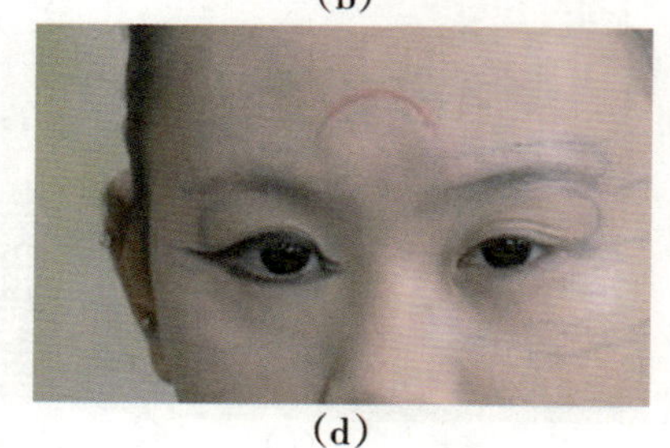

（d）

图3-4-14 画下眼线

（三）操作流程

1. 化妆用品的准备

化妆用品：修眉刀、粉底液或粉底霜、珠光眼影板、眼线膏和勾线笔、睫毛夹、假睫毛和睫毛胶、口红或唇彩、定妆粉、干湿粉扑、腮红、眉笔、油彩颜料、卸妆油、洗面奶、卸妆棉、面巾纸等。

2. 云妆妆形操作程序（如图3-4-15～图3-4-26所示）

（1）打粉底。

①根据模特的肤色选择适合的粉底霜。

②先用接近肤色的粉底霜打第一层，将妆面各个部位打均匀。

③再用白色粉底膏将额头、鼻梁、眼睛至鼻翼的三角区、下巴颏部位涂均匀。

提示：打粉底前，将头发向后梳理整齐，眉毛修理整齐干净。

图3-4-15　打粉底

（2）定妆。

使用适合面部深浅的定妆粉，将各个部位按压定实。

提示：根据面部底色确定深浅不同的定妆粉定妆。

图3-4-16　定妆

（3）画云妆图形。

用蓝色眼线笔描画出云的图形的线条，可以用浅色或是白色，能看见即可。

提示：先画眼部上边位置的图形，与眉头眉尾自然衔接。再将眼下边的图形画出。

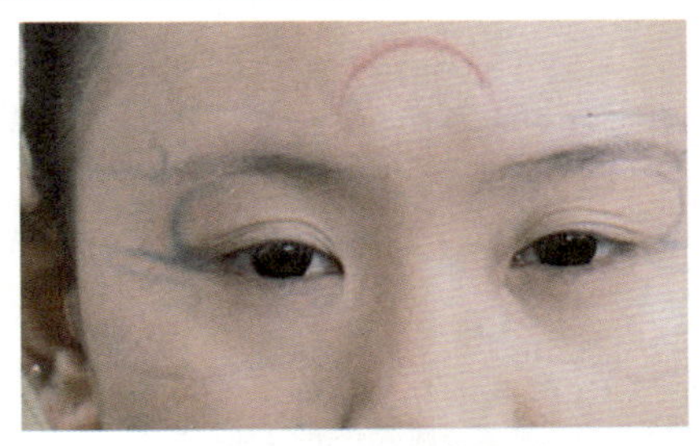

图3-4-17　画云妆图形

（4）画眼线。

按规范操作，完成上下眼线的描画。

注意：上下眼角的衔接要白些。

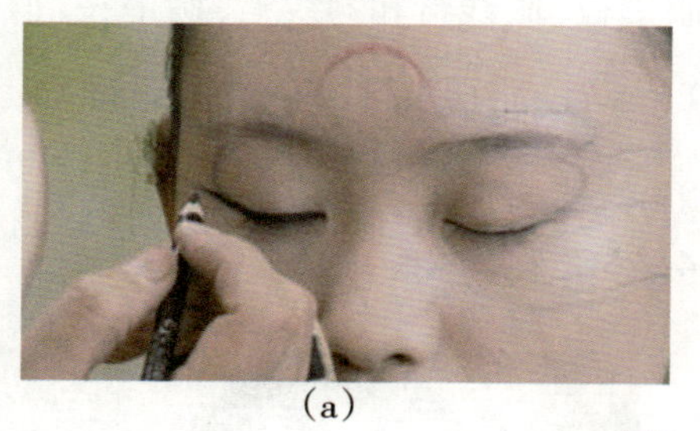

（a）

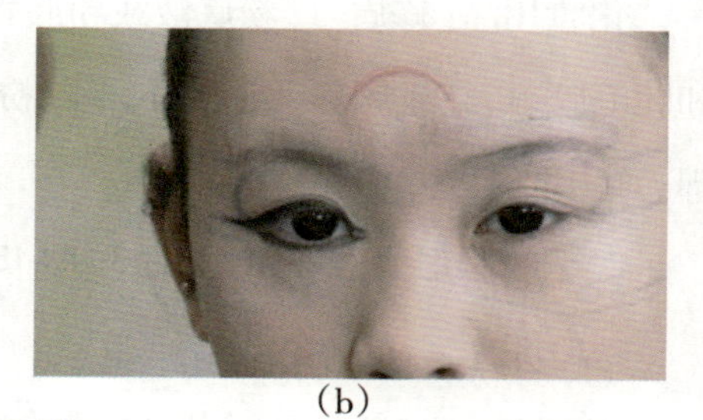

（b）

图3-4-18 画眼线

（5）画眼影。

根据确定的眼形轮廓位置将眼影涂抹均匀。

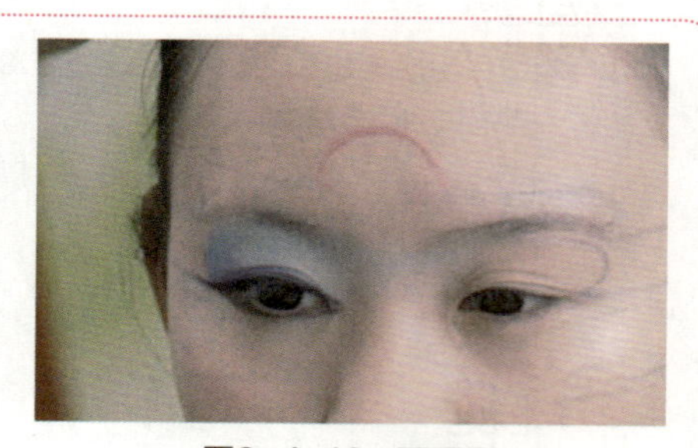

图3-4-19 画眼影

（6）妆面图形涂色。

从一片云的轮廓线开始，可以用单色晕染，直接作浓淡处理。云片上面用白色提亮，并完成太阳图形的涂色。

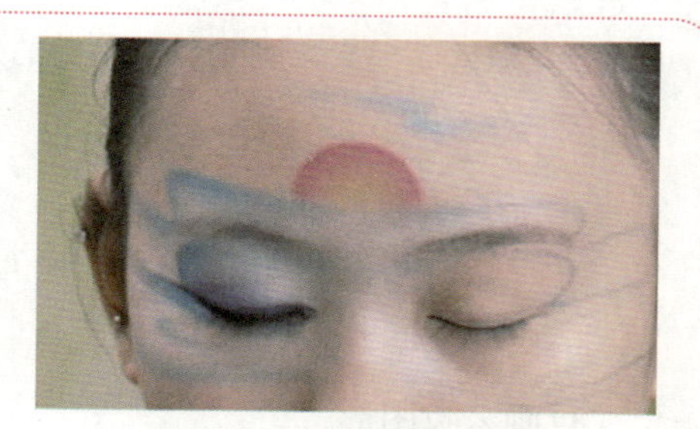

图3-4-20 妆面图形涂色

（7）刷腮红。

用腮红刷蘸粉红色腮红在颧骨侧缘涂抹。

提示：

打腮红时不用顾及图形。腮红的作用：一是衬托妆面的色彩；二是强调妆面的结构。

图3-4-21 刷腮红

（8）打面部轮廓。

为了衬托妆面，将额头外面的颜色用紫色稍微涂抹，一是衬托妆面的立体感；二是衬托妆面图形的气氛。

图3-4-22　打面部轮廓

（9）粘假睫毛。

①量好假睫毛的长度，将多余的剪掉。

②涂上睫毛胶，停留10秒钟左右。

③将假睫毛粘在上眼线眼根部位，将其压牢固。

提示：不要选择夸张的睫毛。

图3-4-23　粘假睫毛

（10）勾唇形。

①用唇刷蘸取玫红色唇彩，按唇形轮廓勾画出唇形。

②唇形线条一定要画到嘴角。

提示：根据蓝色云的图形以及粉中带紫的腮红和轮廓色，因此唇色选用偏冷的玫瑰色。画唇彩时注意调整，观察唇的两边是否对称。

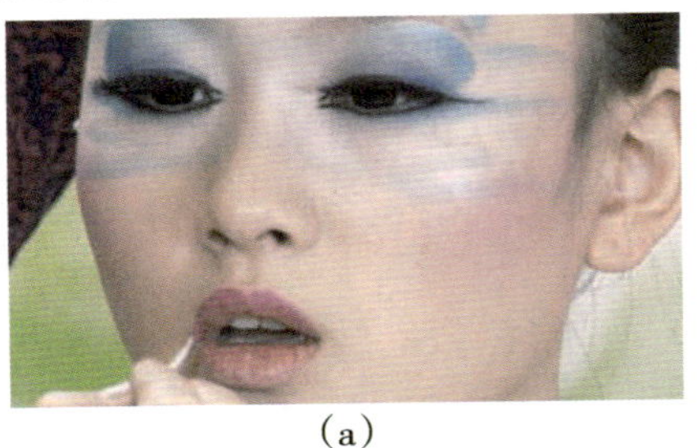

（a）

（b）

图3-4-24　勾唇形

（11）涂唇色。

用比较亮的浅粉色唇彩填到唇部中间，涂抹均匀。两嘴角部位稍微深一点，增加唇的立体感。

图3-4-25　涂唇色

(12) 整理妆面。

根据妆面效果，察看妆形妆色中不太理想的地方，再稍加修改。将整个妆面的轮廓用冷粉色扫一下，增加面部立体感。

妆面层次不清晰的地方要进行补妆。

图3-4-26 整理妆面

三、学生实践

活动方式：云妆实操训练——按照绘制的云妆妆形效果图，完成真人模特的化妆操作。

(一) 操作之前要做的事情

(1) 分组：两人一组，其中一人准备用具；另一人清洗面部，擦护肤用品。

(2) 将化妆品排放整齐，把设计效果图粘贴在镜子上。

(3) 修眉：将眉头修理整齐，眉尾修理得短些少些。

(4) 观察模特的面部结构，分析是否适合所设计的妆形操作。若难度较大，可以对妆形设计稍加修整。如：眉眼之间距离较小，眼影部位无法设计效果，经过考虑后，可以适当地更改效果图的局部。

(5) 观察模特的肤色，分析所适合的妆面色调。若模特肤色与效果图色彩不适合，可以适当修改。

(二) 操作中会出现的问题

(1) 眼影操作中颜色和图形衔接不自然、不均匀。

(2) 眼线的线条不流畅，眼线的夸张不够美观。

(3) 云妆图形画得不自然，结构层次不准确，图形位置与面部结构不吻合。

(4) 眉头与鼻侧影衔接虚实不得当。

(三) 操作中要注意的事项

(1) 画眼线时一定要将眼线笔修尖修好，或者用最小号的勾线笔使用眼线膏完成。

(2) 云妆中的眉毛设计一般不是常见的标准眉形，甚至不需要画眉毛。可以将眼窝、鼻梁自然衔接。

（3）打腮红或轮廓色的浓淡、位置，要根据脸形及妆形的要求完成。

（4）在云妆操作中，眼形会比较夸张拉长，因此，眼影的范围既要美观，又要符合眼部骨骼结构。

（5）画眼睛时要注意用眼线笔尖压在眼根的部位，向前移动，完成眼线的操作。

（6）操作眼线时，眼线笔不要触碰到眼睛里。

我在操作中遇到的问题是：____。

我感觉自己画的妆形优点是：______________________________________。

我感觉自己画的妆形不足的是：____________________________________。

四、检测评价

本项目的学习已经完成，根据作品的完成效果，检验所学知识的掌握情况。云妆妆形实操训练检测评价表如表3-4-2所示，请在相应的位置画“√”，将理解正确的内容写在相应的位置。

表3-4-2　云妆妆形实操训练检测评价表

评价内容	评价标准			评价等级
	A（优秀）	B（良好）	C（及格）	
准备工作	工作区域干净整齐，工具齐全，码放整齐，仪器设备安装正确，个人卫生仪表符合工作要求	工作区域干净整齐，工具齐全，码放比较整齐，仪器设备安装正确，个人卫生仪表符合工作要求	工作区域比较干净整齐，工具不齐全，码放不够整齐，仪器设备安装正确，个人卫生仪表符合工作要求	A B C
操作步骤	能够独立对照操作标准，使用准确的技法，按照规范的操作步骤完成实际操作	能够在同伴的协助下对照操作标准，使用比较准确的技法，按照比较规范的操作步骤完成实际操作	能够在老师的指导帮助下，对照操作标准，使用比较准确的技法，按照比较规范的操作步骤完成实际操作	A B C
操作时间	规定时间内完成项目	规定时间内在同伴的协助下完成项目	规定时间内在老师的帮助下完成项目	A B C

续表

评价内容	评价标准			评价等级
	A(优秀)	B(良好)	C(及格)	
操作标准	云的图形线条流畅，结构正确	云的图形线条比较流畅，结构比较正确	在老师的指导下将云的图形线条绘画得比较流畅，结构比较正确	A B C
操作标准	云形色彩过渡均匀，用色和谐，层次清晰自然	云形色彩在同伴的协助下过渡比较均匀，用色比较和谐，层次比较清晰自然	云形色彩在老师的指导下过渡比较均匀，用色不和谐，层次不自然	A B C
	妆容符合设计效果图的要求	妆容比较符合设计效果图的要求	妆容不符合设计效果图的要求	A B C
	能够将图形与眼形结构、眉形结构装饰得很优美，色彩应用得当	能够在同伴的协助下将图形与眼形结构、眉形结构装饰得比较优美，色彩应用比较得当	能够在老师的帮助下将图形与眼形结构、眉形结构装饰得比较优美，色彩应用不得当	A B C
整理工作	工作区域干净整洁、无死角，工具仪器消毒到位，收放整齐	工作区域干净整洁，工具仪器消毒到位，收放整齐	工作区域较凌乱，工具仪器消毒到位，收放不整齐	A B C
学生反思				

四、知识链接

艺术创作中的灵感——艺术家与理论家关于灵感状态的描绘

在艺术创作中伴随着大量的心理活动，其中，有一种心理状态是非常神奇的、令人向往的，很多艺术家都渴盼着它的降临。当获得这一心理状态的时候，突然之间有茅塞顿开之感，文思泉涌，左右逢源，不可遏止，如有神助，妙笔生花。这就是艺术灵感。那么，艺术灵感真的那么神秘而不可破解吗？艺术灵感的实质究竟是什么？它有哪些特征呢？

当我们翻开艺术家的创作手记，我们发现，许多人都津津乐道于他们的艺术灵感状态。比如，我国著名作家郭沫若在文学创作中，就经常有灵感降临。他谈到《地球，我的母亲》的创作便是一个灵感袭来的例子。一天，他在图书馆看书，突然受到了诗兴的袭击，灵感突然降临，他疯狂地跑出图书馆，在馆后僻静的石子路上，把木屐脱掉，光着脚丫子在地上踱来踱去，时而又索性倒在路上睡着，真切地和地球母亲亲昵，去感触她的皮肤，感受她的拥抱……于是，伟大的诗作诞生了。还有一首大家都非常熟知的诗歌——《凤凰涅槃》，这首诗歌是作者在一天内分两段写成的，上半天当他在课堂听课时，突然诗意袭来，“便在抄本上东鳞西爪地写出了那诗的前一半”，晚上刚要躺在床上睡觉时，后一半诗意又袭来了，于是，他伏在枕头上用粉铅笔火速地写。他说他这时感觉到全身发冷，牙关打战。这就是灵感来临时的状态。

不仅中国的艺术家常常有灵感闪现，国外的艺术家也经常有灵感浮现。俄国大作家果戈理在1840年创作《剃掉的一撇胡须》剧本时，就曾把这种体验形象地描述出来。他说：“我的脑子里的思想像一窝受到惊吓的蜜蜂似的蠕动起来……最近一个时期，我懒洋洋地保存在脑子里的，连想都不敢想写的题材，忽然如此宏伟地展现在我的眼前，使我全身心都感到一种甜蜜的战栗，于是我忘掉了一切，忽然进入我久违的那个世界。”

项目五 孔雀妆妆形设计效果图

项目导读

孔雀作为自然中非常美丽的鸟类，它的颜色丰富，羽毛绚丽多彩，羽支细长，犹如金绿色丝绒，其末端还具有众多由紫、蓝、黄、红等色构成的大型眼状斑点，简直是鲜艳夺目。以孔雀为题材的各类艺术品多种多样，创意的彩绘化妆设计也离不开这种题材。只要掌握孔雀中造型和色彩的鲜明特征，就能设计完成以孔雀为主题的创意妆形。

工作目标

（1）能够叙述孔雀妆形和色彩的基本特征。

（2）学会在面部运用孔雀代表性的图形完成妆面设计。

（3）掌握绘画孔雀特征性图形的方法。

（4）学会简化、夸张孔雀的基本图形。

（5）能够将孔雀的特征图形合理应用于妆面。

（6）掌握运用孔雀色彩的特点设计妆色。

（7）能够将孔雀图形与眼部、眉毛协调组合，提高创意妆形的能力。

一、知识准备

（一）孔雀妆形的概念

化妆行业中的孔雀妆是指面部妆形中有孔雀元素的妆形效果。孔雀妆不是固定的妆形，但它们都具有孔雀突出的形与色的特征。孔雀的结构造型比较复杂，在绘画上可以将它描绘得细致入微，但在化妆中，面部的美感主要是眉眼的协调、眼部的神韵及面色的靓丽。孔雀图形的装饰在面部不能太复杂、太显眼，否则，就会失去装饰及衬托妆面的作用。

（二）孔雀种类

说到孔雀造型、色彩的美感，主要是针对雄性孔雀的开屏效果。孔雀从色彩品种上分为白孔雀、蓝孔雀、绿孔雀三种。（如图3-5-1所示）

蓝孔雀由紫、蓝、黄、红等色构成，色彩斑斓，具有吸引力。

绿孔雀的羽毛翠绿，下背闪耀紫铜色光泽。末端有众多的蓝色、绿色、黄色、棕色大型眼状斑。

白孔雀：其全身洁白无瑕，羽毛无杂色，眼睛呈淡红色。开屏时，白孔雀就像一位美丽端庄的少女，穿着一件雪白高贵的婚纱，左右摆动，翩翩起舞。

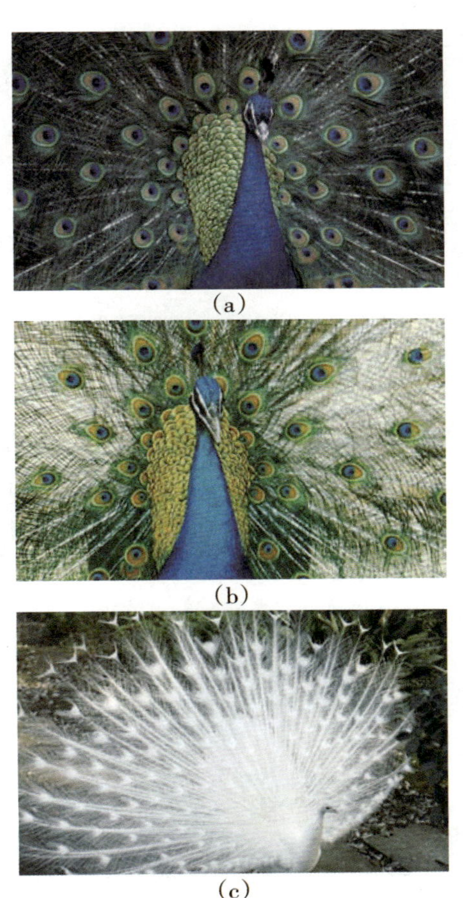

(a)　(b)　(c)

图3-5-1　孔雀种类

（三）孔雀妆形的设计过程

在设计妆形之前，首先是学习理解孔雀的形态特征。掌握它的造型特点，如孔雀羽毛的颜色、尾部的眼状斑图形和从内到外色彩排列的顺序。理解其色彩规律。其次是根据自己设计妆面的需要，进行构思，将孔雀的图形适当地归纳、概括；然后设计在眼部、脸部、额头等部位，图形有主有次、有虚有实。最后是选择适合的着色方法着色。根据眼部周边的凹凸结构完成眼形、眉毛的设计，再将眼影、腮红、口红着色，完成孔雀妆妆形效果图。

（四）孔雀妆形的设计用具（如图3-5-2所示）

（1）事先画出面部图稿，复印多份待用。

（2）彩色铅笔、橡皮、转笔刀、简单的孔雀图形资料

（a）事先画出的面部底稿　（b）彩色铅笔　（c）橡皮　（d）转笔刀

（e）孔雀图形资料

图3-5-2 孔雀妆造型设计用具

（五）孔雀妆色彩应用

在任何色彩设计中，都会体现出各种题材象征性的色彩，也可以在原有的基础上进行变化。那么要想吸取自然界美丽的色彩，我们可以用采集色彩的方法，再将所采集的色应用到设计当中。因此，学习色彩的采集、重构是非常重要的。

1. 色彩的采集方式

观察图形运用的色彩，分析画面色彩成分，根据比例提取各种颜色，画出色标。再根据以前所学的色彩知识确定出主体色、陪衬色和点缀色，并理解配色规律。

（1）从动植物画面中采集色彩（如图3–5–3所示）。

（a）　（b）

图3–5–3　从动植物画面中采集色彩

（2）从风光景物中采集色彩（如图3–5–4所示）。

（a）　（b）

图3–5–4　从风光景物中采集色彩

2. 色彩的重构（如图3–5–5所示）

通过对色彩灵感源的分析，将采集出来的色彩重新进行组合，应用到妆面色彩搭配当中，构成彩绘创意的妆面色彩。

（a）　（b）

图3–5–5　色彩的重构

孔雀妆形的色彩可采集不同种类的孔雀色彩进行组合搭配，从而完成独特效果的孔雀妆妆形。

（六）孔雀妆形中的形与色基本的要求

要想完成一幅主题鲜明的孔雀妆设计作品，需要完成以下四个方面的内容：

（1）妆面中孔雀特征明显，造型正确，位置设计和谐。

（2）妆面孔雀图形色彩艳丽，与眼妆色搭配自然协调。

（3）孔雀妆的图形着色层次清晰，浓淡适宜。

（4）根据构思要求完成孔雀妆妆形的效果图。

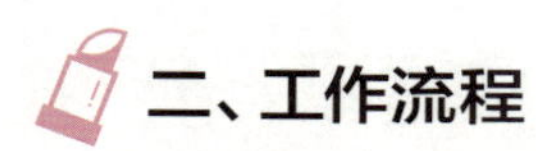

二、工作流程

（一）工作标准（如表3–5–1所示）

表3–5–1 工作标准

内容	标准
准备工作	工作区域干净整齐，工具齐全，码放整齐，仪器设备安装正确，个人卫生仪表符合工作要求
操作步骤	能够独立对照操作标准，使用准确的技法，按照规范的操作步骤完成效果图的实际操作
操作时间	在规定时间内完成项目
操作标准	孔雀图形结构绘画准确，特征表现突出
	色彩提炼正确，着色过渡均匀、和谐、层次清晰
	能够将孔雀图形与眼形结构、眉形结构装饰优美，色彩应用得当
	绘制的画稿画面干净，用色搭配协调
操作标准	工作区域干净整洁、无死角，工具仪器消毒到位，收放整齐

（二）关键技能

孔雀图形绘画操作（如图3–5–6～图3–5–10所示）

（1）孔雀尾部的图形。

根据孔雀尾部眼状斑点的特征，从眼帘位置开始描绘出斑点图形。

提示：先画小点，向上逐渐画大。

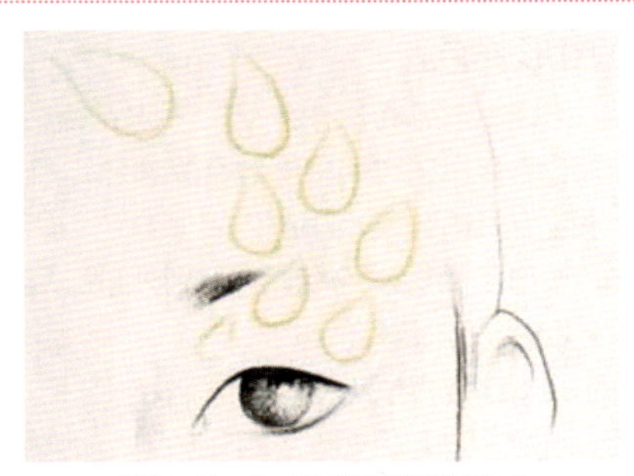

图3-5-6　孔雀尾部的图形

（2）图形排列方法。

①从眼部斑点开始，错位穿插式向眉峰至额头方向排列。

②两边的斑点排列成不对称的效果。一边图形超过额头的中线，斑点多于另一边。两边斑点按相同方向布局。

图3-5-7　图形排列方法

（3）画眼影。

①用深蓝色眼影在眼根部位顺着外眼角向上涂抹，向眼球上方晕染。

②用翠绿色眼影在眼球周围与蓝色晕染衔接，至眉骨上缘。

③用明黄色眼影从内眼角向眼球部位晕染，与翠绿色衔接。

提示：

①眼影色可以用孔雀身上的主体色彩。如：翠绿色、深蓝色、明黄色。

②画眼影涂色时空过斑点图形。

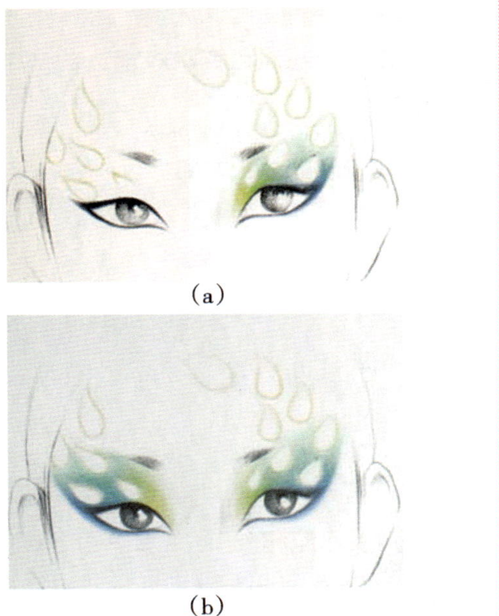

（a）

（b）

图3-5-8　画眼影

(4) 图形着色。

①先用黄铜色彩铅将斑点外圈内平涂着色。

②用湖蓝色彩铅在斑点中圈内平涂着色。

③用深蓝色彩铅在斑点里圈内平涂着色。提示:

①斑点图形呈倒置水滴状，从里到外分三层颜色。外围色呈黄铜色；中间呈湖蓝色，是圆形；内部呈深蓝色。

②所有斑点涂色方法相同。

(a)

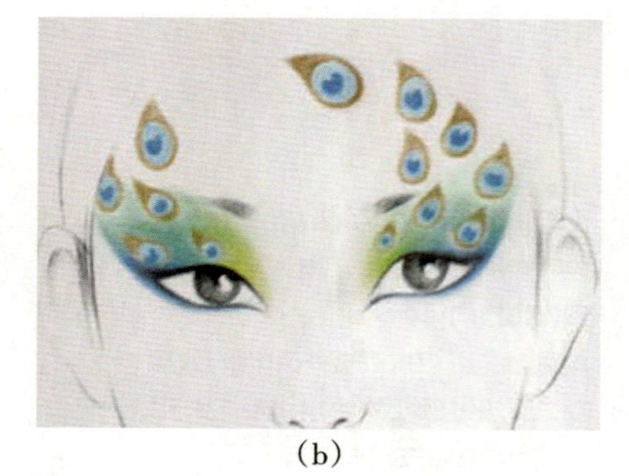

(b)

图3-5-9 图形着色

(5) 画脸颊图形。

为衬托孔雀尾部的斑点图形，在脸颊部位画出线纹。

①用蓝色或绿色的眼线笔在颧骨上侧部位排列线条。

②线纹之间的距离为内紧外松。

提示: 画线纹要流畅。两头虚，中间实。

图3-5-10 画脸颊图形

(三) 操作流程

孔雀妆妆形效果图绘制步骤如下:

1. 课前欣赏（如图3–5–11所示）

（a）　　（b）

图3–5–11　课前欣赏

课前准备的用具：

（1）头像画稿。

（2）绘画工具：彩色铅笔24色、转笔刀、橡皮。

（3）化妆品：眼影、腮红。

2. 操作程序（如图2–5–12～图3–5–22所示）

（1）准备面部底稿。

为了设计方便，事先画出一张面部头像。

图3–5–12　准备面部底稿

（2）在妆面设计孔雀图形。

在眼部上面眉骨周边画出孔雀尾部斑点图形，向额头扩散排列，斑点呈穿插错位排列。眉骨两边可以不对称。但图形向上流动的方向要一致。

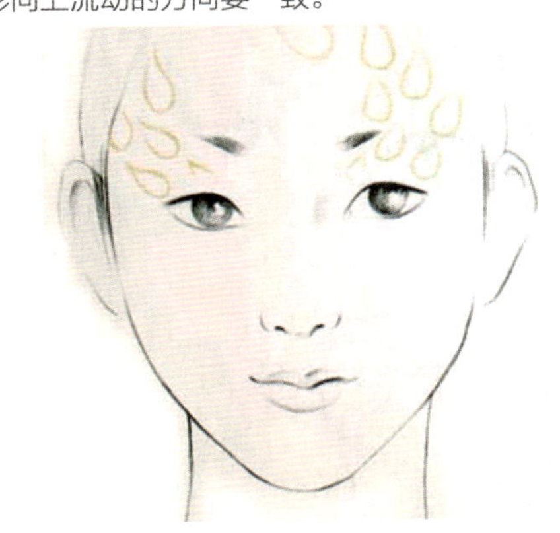

图3–5–13　在妆面设计孔雀图形

（3）画眼线。

借鉴孔雀眼睛的形状夸张眼形，将眼睛形状拉长，向上挑高，呈凤眼造型。内眼角向下画尖。

图3-5-14 画眼线

（4）眼形对称。

两只眼睛画对称，注意眼角挑的高度相同。眼线粗细一致。

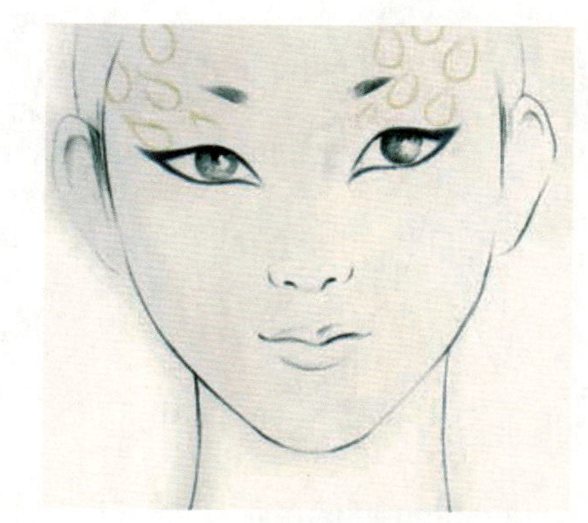

图3-5-15 眼形对称

（5）画眼影。

①根据孔雀的色彩特点，用深蓝色彩铅在上眼线部位描画，由内向外、由下向上晕染至眼球边缘部位。

②换翠绿色彩铅衔接蓝色向上至眉骨，向前至眼球内缘部位。

③换黄色彩铅从内眼角到眼球中部晕色。

注意：将斑点图形留空。

④完成两边眼影的对称。

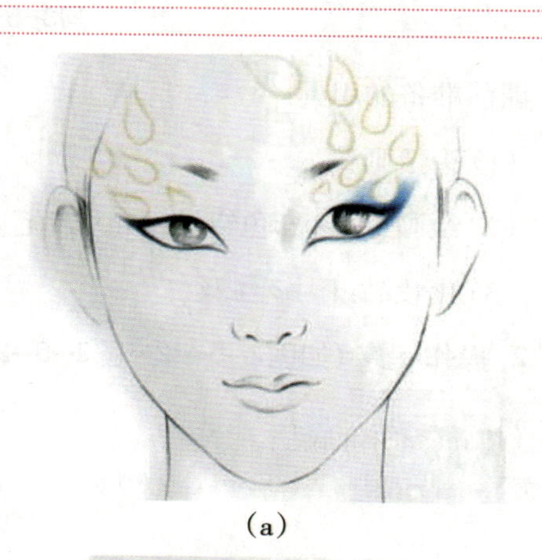

(a)

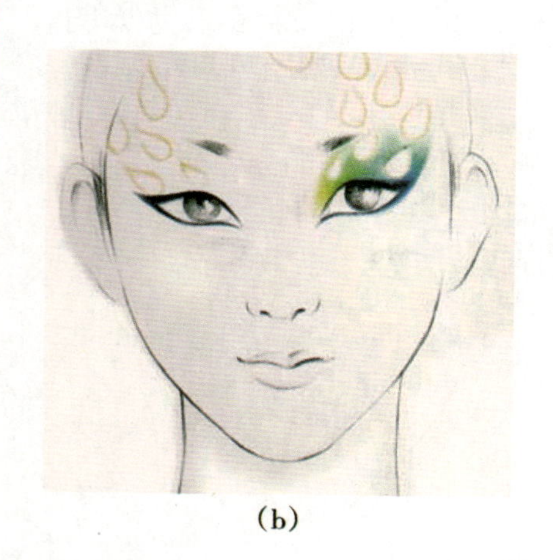

(b)

(c)

图3-5-16 画眼影

(6) 画斑点图形。

按以上关键技能中的步骤完成斑点的涂色。

提示:

①斑点图形呈倒置水滴状，从里到外分三层颜色。外围色呈黄铜色；中间呈湖蓝色，是圆形；内部呈深蓝色。

②所有斑点涂色方法相同。

(a)

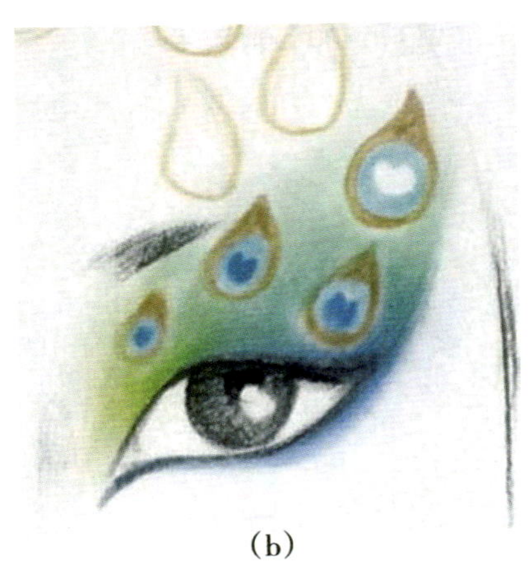

(b)

(c)

图3-5-17　画斑点图形

(7) 画脸颊图形。

按以上关键技能中的步骤完成斑点的涂色。

提示：眼部以上的图形完成后，脸颊部位有些空旷，可以装饰点线，使妆面充实活泼些。线条用孔雀的主体色翠绿即可，排列较密一些。

将下眼线下边及脸面三角区部位留出空白。

图3-5-18　画脸颊图形

(8) 画腮红。

用腮红刷蘸取橘红色腮红在颧骨侧缘部位涂抹。

提示：注意颜色涂抹均匀，两边对称。

图3-5-19　画腮红

(9)画眼睫毛。

①用黑色彩铅从上眼线外眼角部位开始，从眼根部向斜上方描画。

②确定出每组睫毛的距离，强调描画眼根部的睫毛。

③下眼线用同样的方法完成，但睫毛描绘的方向是斜下方。

提示：孔雀妆形睫毛可以画得较长一些，根部粗，梢部虚。眼睫毛两边要对称。

图3-5-20　画眼睫毛

(10)画鼻侧影。

①鼻侧影与眉毛一起完成，在眉头下部与眼窝交接处画出分界线。

②从分界线往鼻梁部位逐渐晕染。强调出鼻梁部位的立体感。

③从眉头顺着鼻侧晕染到内眼角再逐渐消失。

图3-5-21　画鼻侧影

(11)画唇色。

①用棕色彩铅描画出唇形和唇缝，再将嘴角部位涂染加深。

②用黄铜色在唇部中间部位涂染，与嘴角部位衔接。

提示：画唇部用金色或黄铜色。

图3-5-22　画唇色

三、学生实践

活动方式：应用孔雀图形设计妆面，完成孔雀妆妆形的效果图。

(一) 设计之前要做的事

(1)理解孔雀的结构特点和形态特征。

(2)完成一张孔雀图案草稿，确定好着色使用的技法。

(3)用具准备齐全，彩色铅笔修尖后开始绘制孔雀妆妆形效果图。

(二) 孔雀图形色彩应用的注意事项

(1)妆色效果图：孔雀妆形主体色正确，色调要统一、简单明快，色彩靓丽鲜艳。面部用色符合孔雀特征色彩。

(2)妆形效果图：在妆面中，孔雀图形不宜过大，不宜过于复杂、细腻。图形结构要自然，不宜死板生硬。眼影的颜色要突出孔雀的主体颜色，要保证眼妆的美感。

(3)在妆面画图形时，事先考虑好妆面的用色，有的图形着色要先留空，画完后再覆盖。

(三) 效果图绘制中容易出现的问题

(1)孔雀图形轮廓死板生硬，斑点渐变排列杂乱。

(2)眼影晕色位置上的斑点空隙处描画不细致。

(3)妆面设计图形主次不分明，布局疏密不当。

(4)孔雀图形与眉毛眼形的布局衔接不协调。

我在绘制效果图的过程中遇到的问题是：____。

我感觉自己设计的优点是：____。

我的设计感觉不足的是：____。

(四) 检测评价

本项目的学习已经完成，根据作品的完成效果，检验所学知识的掌握情况。孔雀妆妆形设计效果图检测评价表如表3-5-2所示，请在相应的位置画“√”，将理解正确的内容写在相应的位置。

表3-5-2 孔雀妆妆形设计效果图检测评价表

评价内容	评价标准			评价等级
	A（优秀）	B（良好）	C（及格）	
准备工作	工作区域干净整齐，工具齐全，码放整齐，仪器设备安装正确，个人卫生仪表符合工作要求	工作区域干净整齐，工具齐全，码放比较整齐，仪器设备安装正确，个人卫生仪表符合工作要求	工作区域比较干净整齐，工具不齐全，码放不够整齐，仪器设备安装正确，个人卫生仪表符合工作要求	A B C
操作步骤	能够独立对照操作标准，使用准确的技法，按照规范的操作步骤完成实际操作	能够在同伴的协助下对照操作标准，使用比较准确的技法，按照比较规范的操作步骤完成实际操作	能够在老师的指导帮助下，对照操作标准，使用比较准确的技法，按照比较规范的操作步骤完成实际操作	A B C
操作时间	规定时间内完成项目	规定时间内在同伴的协助下完成项目	规定时间内在老师的帮助下完成项目	A B C
操作标准	孔雀图形结构绘画准确，形态特征表现突出	孔雀图形结构绘画得比较准确，形态特征表现得比较突出	在老师的帮助下孔雀图形结构比较准确，形态特征不够突出	A B C
	能够独立正确地提炼孔雀的特征色彩，着色过渡均匀、和谐，层次清晰	能够在同伴的协助下正确地提炼孔雀的特征色彩，着色过渡比较均匀、和谐，层次比较清晰	能够在老师的指导下比较正确地提炼孔雀的特征色彩，着色过渡不均匀、不和谐，层次不清晰	A B C
	能够将孔雀图形与眼形、眉形装饰得很优美，色彩应用得当	能够将孔雀图形与眼形、眉形装饰得比较优美，色彩应用比较得当	孔雀图形与眼形、眉形装饰得不优美，色彩应用不得当	A B C
	能够独立细致地绘制画稿，画面干净，用色搭配协调	能够在同伴的协助下细致地绘制画稿，画面比较干净，用色搭配比较协调	能够在老师的帮助下细致地绘制画稿，画面不干净，用色搭配不协调	A B C

续表

评价内容	评价标准			评价等级
	A（优秀）	B（良好）	C（及格）	
整理工作	工作区域干净整洁、无死角，工具仪器消毒到位，收放整齐	工作区域干净整洁，工具仪器消毒到位，收放整齐	工作区域较凌乱，工具仪器消毒到位，收放不整齐	A B C
学生反思				

五、知识链接

艺术创作中的灵感——灵感来源的几种不合理说法

（一）神灵附体

这种说法认为，艺术家在艺术创作中的灵感是由于神灵凭附人体的结果。在古希腊时期，灵感这个词语，原意是指神的灵气。这个词语是由“神”和“气息”合成的，谓“神的气息”。古希腊的人认为，神的灵气就像空气一样随风飘动，一旦它注入艺术家的身体里面，艺术家的灵感就来临了。在古希腊时期，著名的哲学家柏拉图就说过，凡是高明的艺术家，他们都不是凭技艺来做成他们的优美的作品，而是因为他们得到灵感，有神力凭附着。

（二）先验天才

这种说法认为，艺术家在艺术创作中的灵感是天才独有的。笨蛋和傻瓜一辈子也体验不到灵感的滋味。持这种说法的代表人物就是德国古典美学家康德。他认为，天才是一种天生的而非后天勤奋所获得的创造能力，依赖于这种天赋的才能，人才可捕捉到灵感，创造出独具一格的艺术作品。

（三）物质刺激

这种说法将灵感的来源归因于外界物质的刺激，就是说艺术家一旦受到某种特定物质的刺激，就会来灵感。这种物质有内服型的，有外用型的，还有内外兼用型的。

内服型的，比如张旭“酒醉书狂草”、李白“斗酒诗百篇”，他们获得灵感靠的是酒；英国诗人柯勒律治、美国小说家爱伦 坡常借助于鸦片获得灵感；法国的伏尔泰和巴尔扎克则借助咖啡获得灵感。

外用型的，比如：卢俊要想获得灵感，他就让太阳晒脑门；小说家费定靠听声音来获得灵感，这种声音必须是夜晚大海的呼啸。

内外兼用型的，比如：德国诗人席勒，他要进行艺术创作的时候，必须先喝完半瓶香槟，然后把脚放到冷水盆里，最后桌上还得放个烂苹果，他一闻那股烂苹果的气味，灵感立刻就来了。

所以，无论是哪种类型的，灵感的获得都得靠外物来刺激。

总而言之，人们发现灵感是一种非常奇异的东西。于是，从各个方面去寻找它的来源。但是，无论是神灵附体说还是先验天才说，抑或是物质刺激说，显然都是不合理的，而且是不科学的。

项目六　孔雀妆妆形实操训练

项目导读

孔雀妆的操作既强调独特的妆形特征，又突出妆面色彩的鲜艳和靓丽，学会运用孔雀典型的图形特征装饰妆面，丰富妆容妆貌。本项目通过对孔雀妆妆形的操作， 能够开阔眼界，提高创新意识，增强创作灵感。

工作目标

（1）能够学会在面部完成孔雀图形的描画。

（2）能够叙述孔雀的形态特征。

（3）能够知道孔雀色彩应用的规律。

（4）能够学会孔雀图形的组合方法。

（5）能够知道根据孔雀的特点运用色彩。

（6）能够学会提炼孔雀图形特征和专用色彩，合理应用于面部结构中。

（7）通过学习孔雀的形与色，能够学会装饰眼形和眉毛，提高创意妆形的能力。

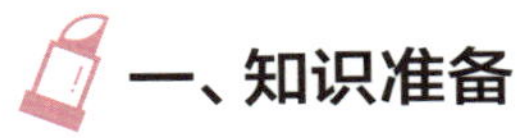

一、知识准备

（一）孔雀妆妆形中图形的表现方法

首先利用简化的孔雀图形，用金色眼线笔或小号勾线笔蘸取适合颜色的油彩，勾出孔雀尾部的斑点形状，排列出孔雀开屏尾部的图形效果。再运用孔雀特有的专用色彩将图形涂色，斑点图形多用色彩平涂法表现。

(二)孔雀妆妆形的化妆效果(如图3-6-1所示)

图3-6-1 孔雀妆妆形的化妆效果

(三)孔雀妆妆形的操作用具

1. 专业化妆用具(如图3-6-2所示)

一般需要准备修眉工具、粉底霜或粉底液、化妆套刷、白色和黑色眼线笔、眼线膏与眉笔、眼影板、腮红、干湿粉扑、假睫毛与睫毛胶、睫毛夹、唇彩等。

卸妆用品:卸妆水、卸妆油、洗面奶、卸妆棉。

(a)孔雀妆妆形使用的眼影粉

(b)眼影笔、眼睫毛

图3-6-2 孔雀妆妆形的操作用具

2. 彩绘化妆用具

彩绘创意化妆应用的用具可以使用专业的化妆用具,另外再备几支由小到大的勾线笔和油彩颜料、装饰亮粉、面巾纸等。

(四)孔雀妆妆形操作效果对模特的要求

孔雀妆的妆形主要强调妆面冷艳而华丽的感觉。对模特自身条件也有一定的要求,肤色不宜过暗，眼睛略有点丹凤眼更好。模特面部略为清秀，结构清晰一些。眉毛不宜过粗过浓，眉和眼之间距离不要过近。

（五）孔雀妆妆形操作的基本要求

（1）按照操作顺序完成每一个步骤。

（2）化妆笔要随时清洗，画油彩用的笔不要与画眼影的笔混用，保证妆面颜色干净。

（3）孔雀的图形要按照效果图设计的位置描画，但也要适当根据模特面部的特点略加修改，布局要得当。

（4）妆面图形可以用眼影粉或眼影笔完成图形的色彩。

（5）强调眉头与眼窝的结构，眉尾在妆面中不用修饰。

（6）在眼妆的操作中，要仔细观察，根据模特的结构特点画眼形。

二、工作流程

（一）工作标准（如表3-6-1所示）

表3-6-1　工作标准

内　容	标　准
准备工作	工作区域干净整齐，工具齐全，码放整齐，仪器设备安装正确，个人卫生仪表符合工作要求
操作步骤	能够独立对照操作标准，使用准确的技法，按照规范的操作步骤完成效果图的实际操作
操作时间	在规定时间内完成项目
操作标准	孔雀图形特征明确，结构正确
	孔雀色彩提炼正确，着色精致、和谐、有层次
	能够将孔雀图形与眼形结构、眉形结构装饰优美，色彩应用得当
	妆面操作干净，用色搭配协调
操作标准	工作区域干净整洁、无死角，工具仪器消毒到位，收放整齐

（二）关键技能

1. 孔雀图形操作技法（如图3−6−3～图3−6−6所示）

（1）画孔雀图形。

画孔雀图形主要是表现孔雀尾部的斑点。

①按照从上眼皮到额头的方向，画斑点图形轮廓，上眼帘横排画两个斑点，错位呈棱形顺序排列。

②斑点排列的位置不要超过外眼角的延长线。左边排列的斑点要超过面部中心线。使图形有均衡的效果。斑点排列由小到大，越往上，斑点越大。

提示：

①填充眼部斑点时，提拉起眼皮再进行描画。

②额头两边斑点不要连接上。

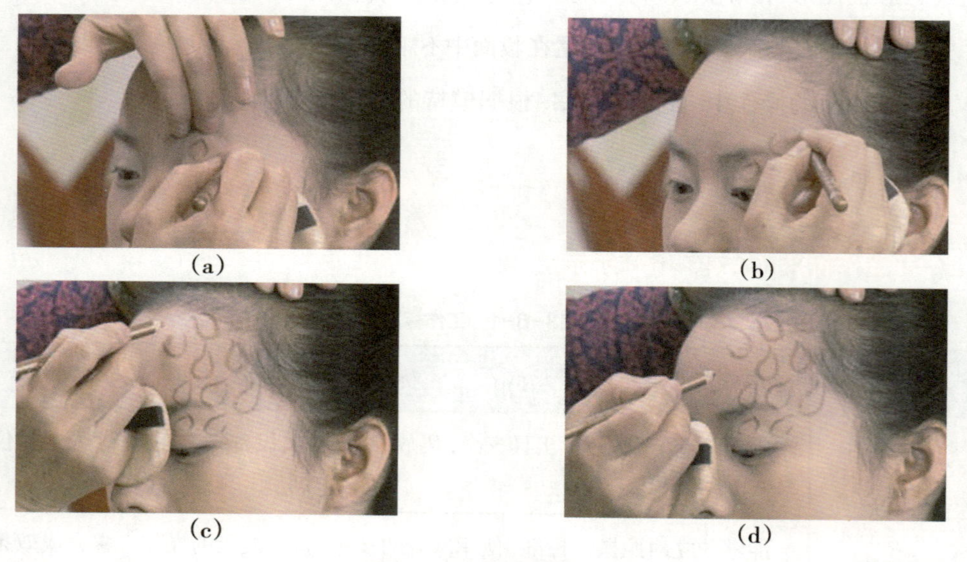

(a)　(b)　(c)　(d)

图3−6−3　画孔雀图形

（2）孔雀斑点外圈涂色。

①用眼影笔从一个斑点开始，用金色眼线笔将轮廓外圈填色，圈内留出圆形空隙。

②按同样的方法将其他斑点外圈涂色。提示：发根处不用淡化。

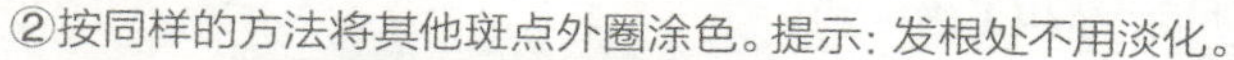

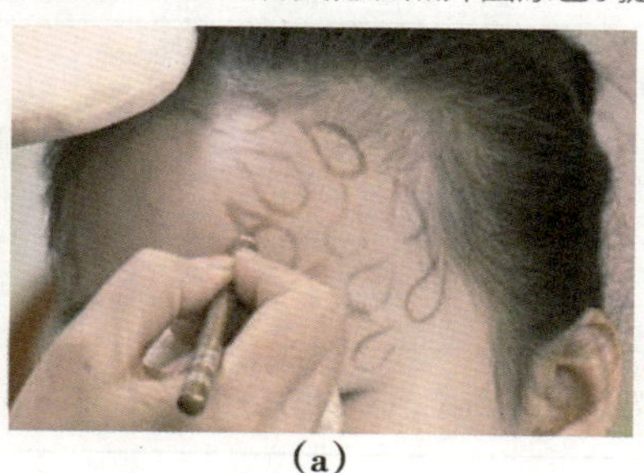

(a)

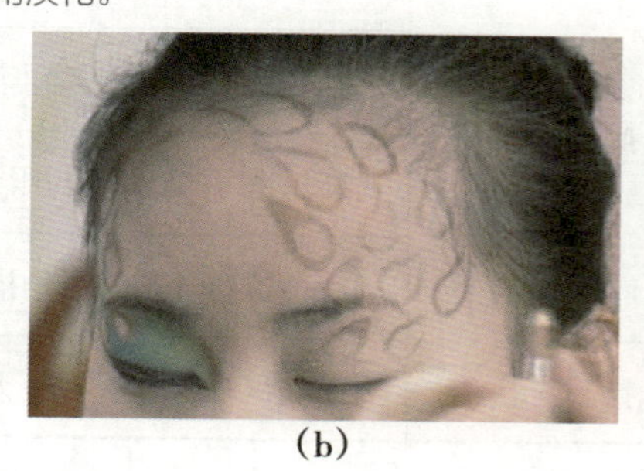

(b)

图3−6−4　孔雀斑点外圈涂色

(3)孔雀斑点中圈涂色。

用翠绿色眼线笔把斑点沿着外圈内线涂成圆状，再对形状涂色，留成月牙形空隙。

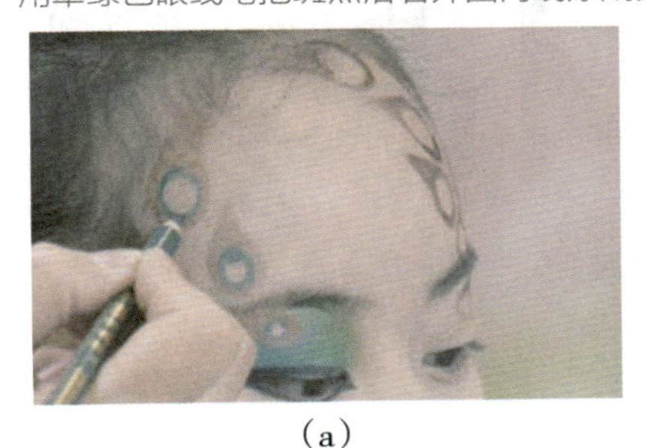

(a)

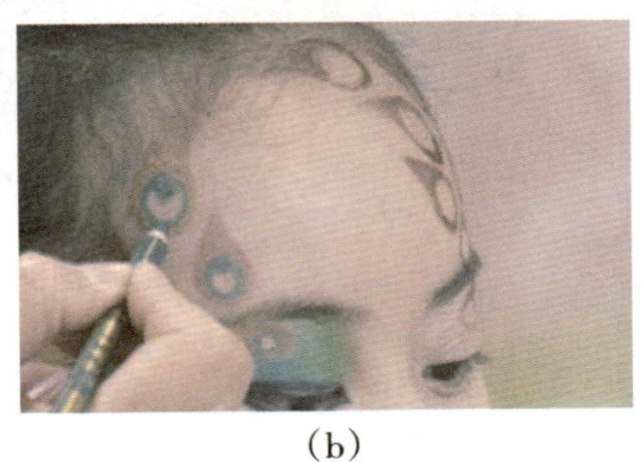

(b)

图3-6-5　孔雀斑点中圈涂色

(4)孔雀斑点里圈涂色。

将月牙空隙用黑色眼线笔填满。

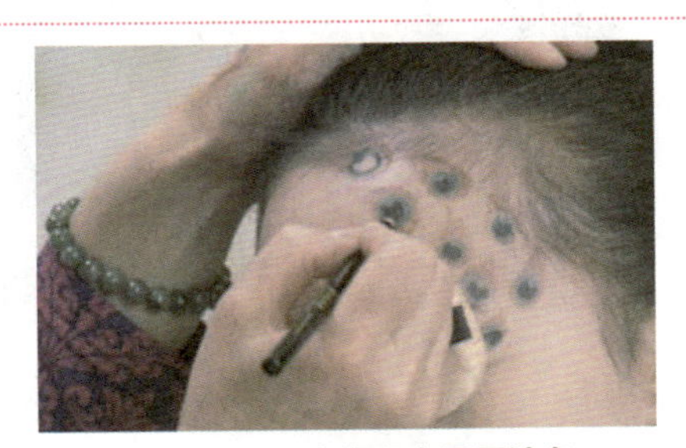

图3-6-6　孔雀斑点里圈涂色

2. 孔雀妆眼形的操作技法（如图3—6—7~图3—6—9所示）

(1)画眼形。

①用眼线笔勾画上眼线，外眼角拉长挑高。

②上外眼角眼线画粗，睁眼效果达到眼线顺畅即可。提示：孔雀眼形接近于凤眼。

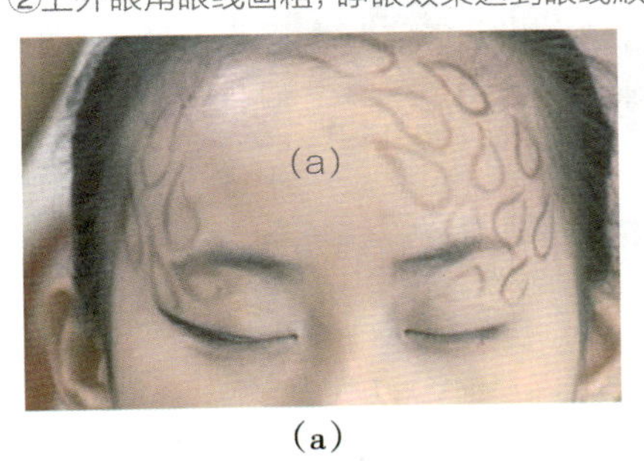

(a)

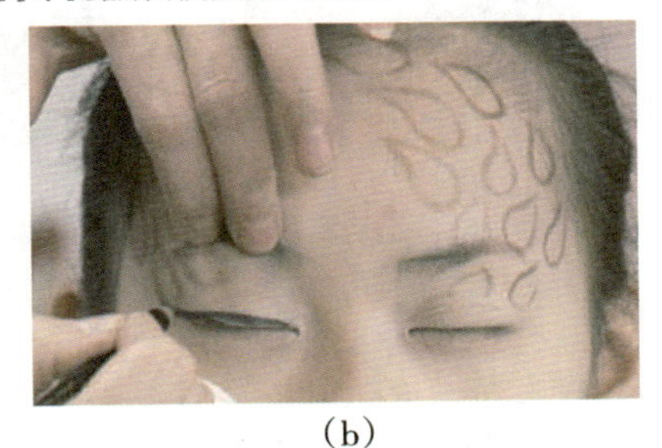

(b)

图3-6-7　画眼形

③下眼线外眼角拉长，与上眼线外眼角连接。

④从下眼线的外眼角开始向内眼角描画，逐渐将眼线画细。

提示：可以用细小的笔将颜色晕至内眼角即可。

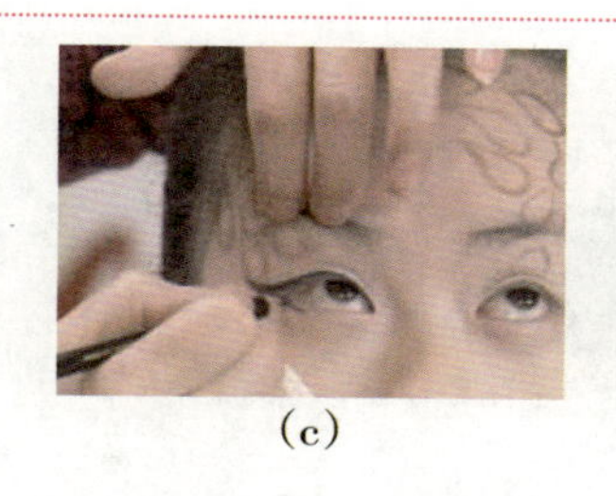
(c)

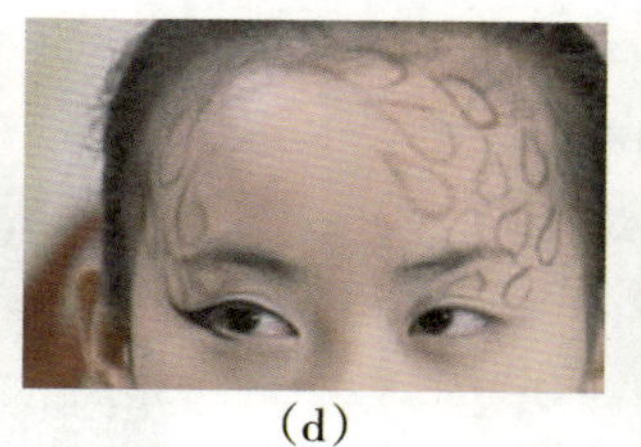
(d)

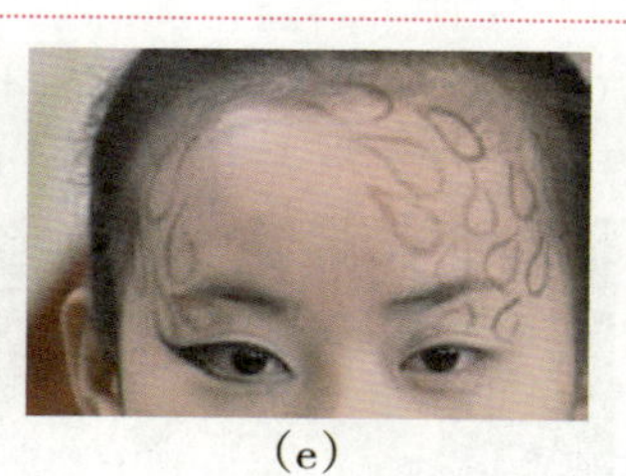
(e)

图3-6-7　画眼形（续）

（2）修饰内眼角。

在内眼角处用眼线笔向外画成尖形，然后将线描整齐。

提示：描画内眼角时眼线笔不要太粗，内眼角上下眼线要连贯。

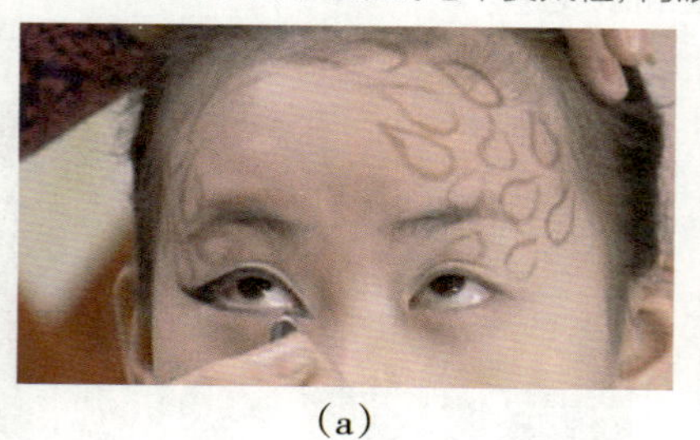
(a)

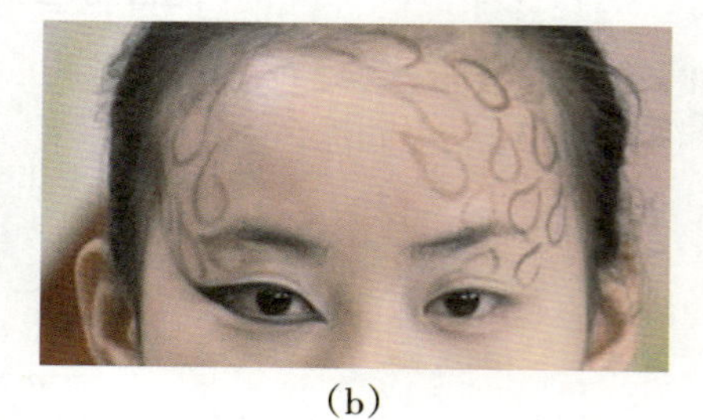
(b)

图3-6-8 修饰内眼角

（3）画眼影。

①用中号眼影笔刷蘸孔雀蓝眼影从上眼帘根部向上和向前晕色。

②用小号笔刷蘸中绿色眼影衔接蓝色向上向前晕染。

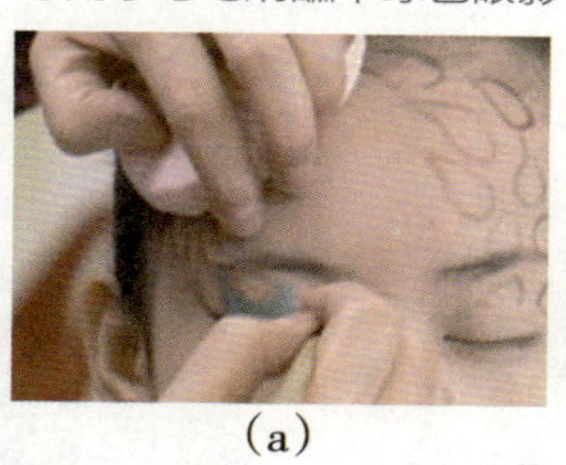
(a)

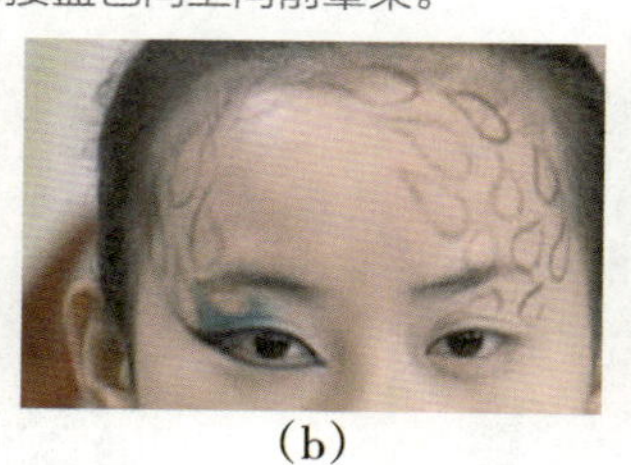
(b)

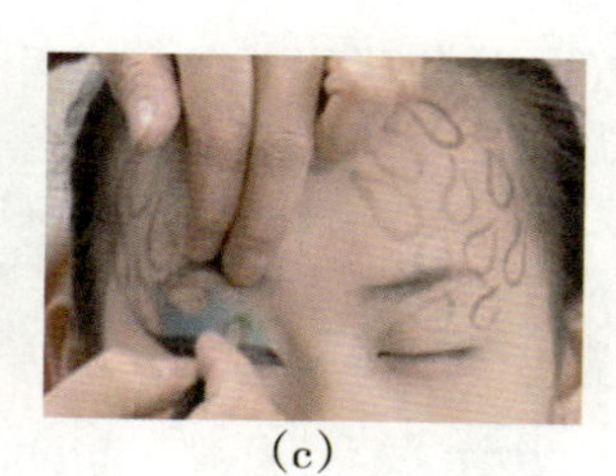
(c)

③内眼角部位用明黄色眼影涂抹，再与中绿色和孔雀蓝衔接。

④外眼角按照斑点排列的方向空过斑点涂色。

提示：斑点留空处的眼影涂整齐。

妆面眼角部位的眼影由深到浅将眼尾拉长。

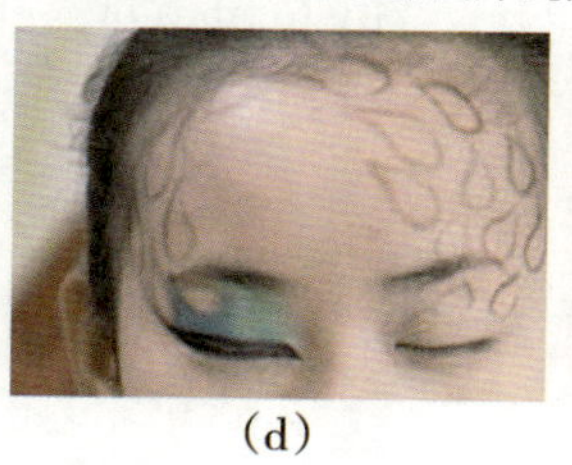
(d)

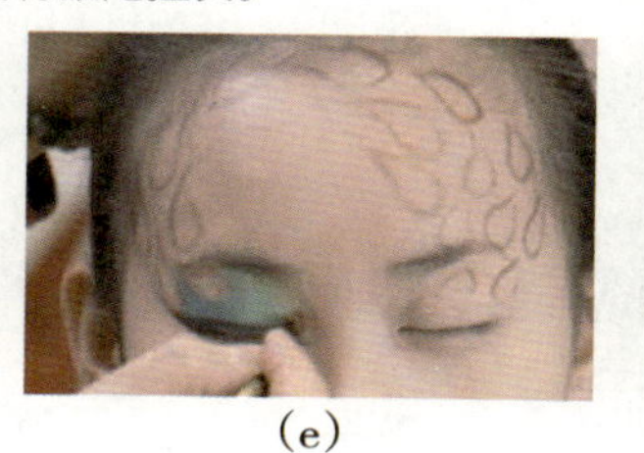
(e)

(f)

图3-6-9　画眼影

（三）操作流程

化妆用品的准备：修眉刀、粉底液或粉底霜、珠光眼影板、眼线膏和勾线笔、睫毛夹、假睫毛和睫毛较、口红或唇彩、定妆粉、干湿粉扑、腮红、眉笔、油彩颜料、卸妆油、洗面奶、卸妆棉、面巾纸等。

孔雀妆妆形操作程序（如图3–6–10～图3–6–24所示）

（1）打粉底。

①根据模特的肤色选择适合的粉底霜。

②先用接近肤色的粉底霜打第一层，将妆面各个部位打均匀。

③再用白色粉底膏将额头、鼻梁、眼睛至鼻翼的三角区、下巴颏部位涂均匀。

提示：打粉底前，将头发向后梳理整齐，眉毛修理整齐干净。

图3–6–10　打粉底

（2）定妆。

使用适合面部深浅的定妆粉，将各个部位按压定实。

提示：根据面部底色确定深浅不同的定妆粉定妆。

图3–6–11　定妆

（3）描画孔雀图形。

从上眼皮开始画斑点图形，向上按错位排列，斑点位置不要低于外眼角的延长线。图形排列上至额头，略往中部延伸。左边斑点要超过面部中心线。斑点排列由小到大。眼角两边的斑点顺着延长线向上排列。

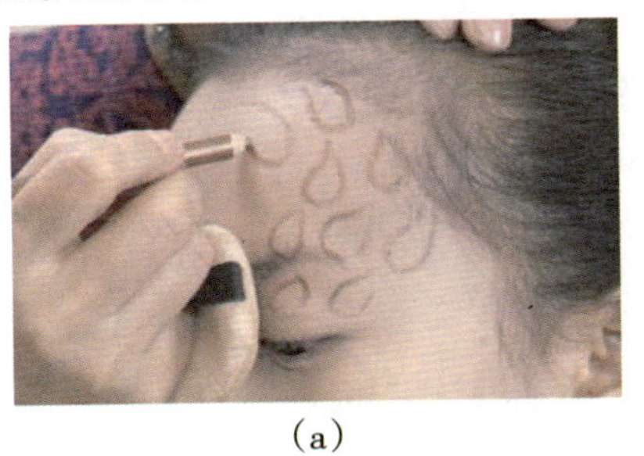

（a）

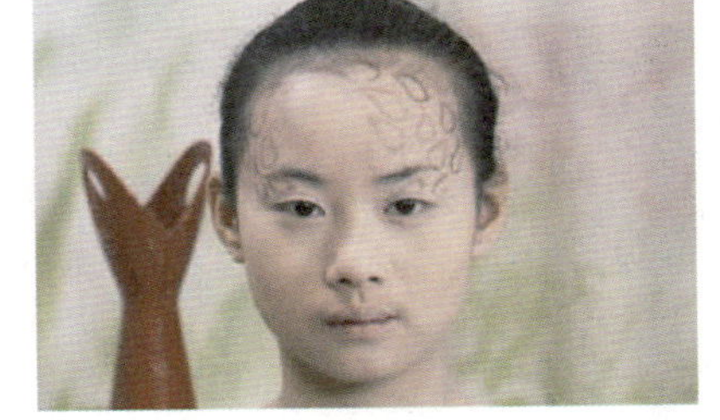

（b）

图3–6–12　描画孔雀图形

(4) 画眼线。

用眼线笔勾画眼线，外眼角拉长挑高，画粗。下眼线内外眼角与上眼线连接。

提示：睁眼效果是眼线顺畅即可。眼形画成丹凤眼造型。

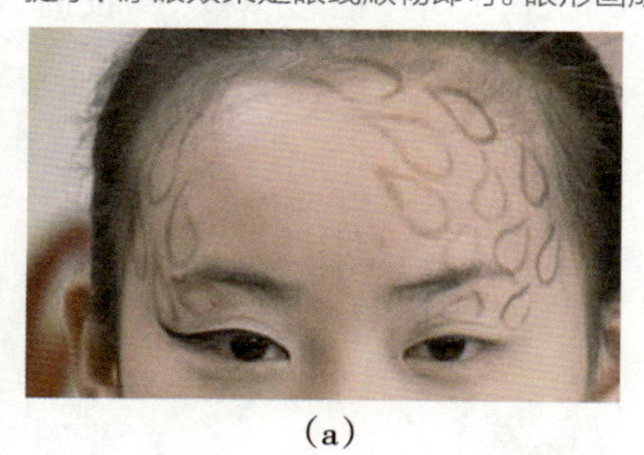

(a)

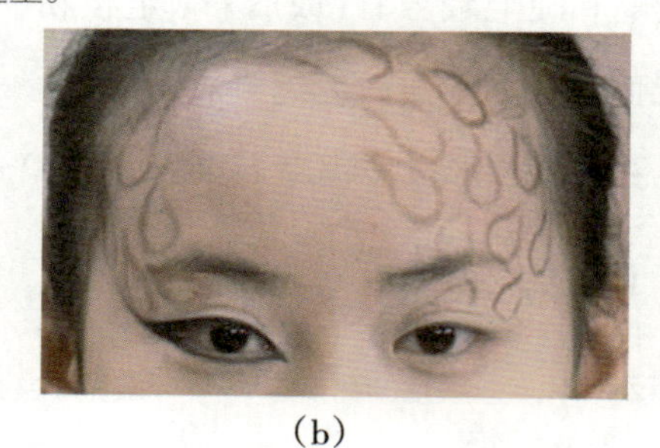

(b)

图3-6-13 画眼线

(5) 画眼影。

上眼帘眼影：根据眼线的位置涂眼影。可以分为深、中、浅三色。眼根部用孔雀蓝晕染，再用中绿色眼影衔接，内眼角部位用黄色眼影涂染衔接。斑点处留空。下眼帘用孔雀蓝在眼角部位沿着眼线淡淡地涂抹。

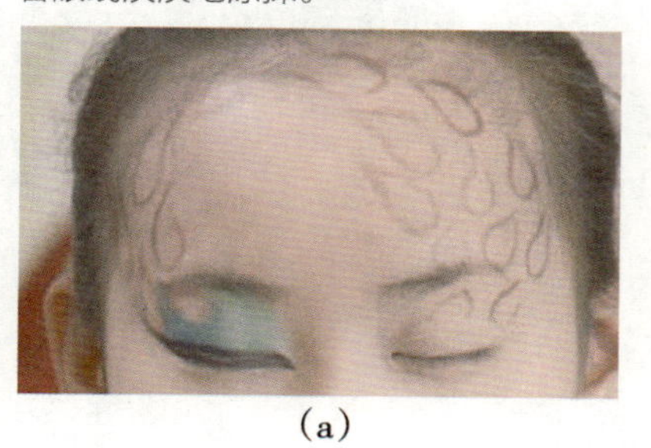

(a)

(b)

图3-6-14 画眼影

(6) 图形涂色。

用眼影笔从一个斑点开始，用平涂方法涂色，外层用金色，中间用孔雀蓝，里圈用深蓝色。

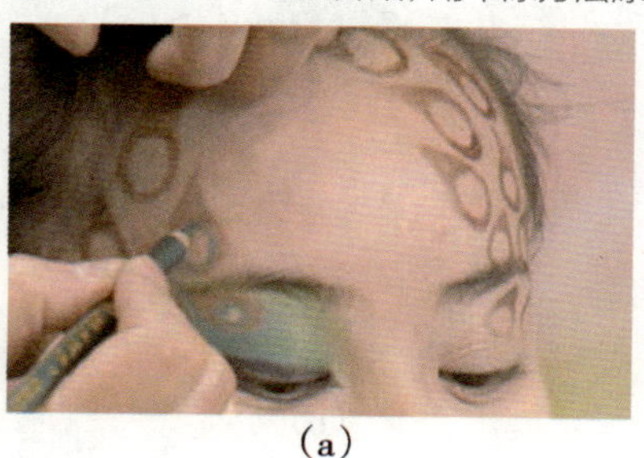

(a)

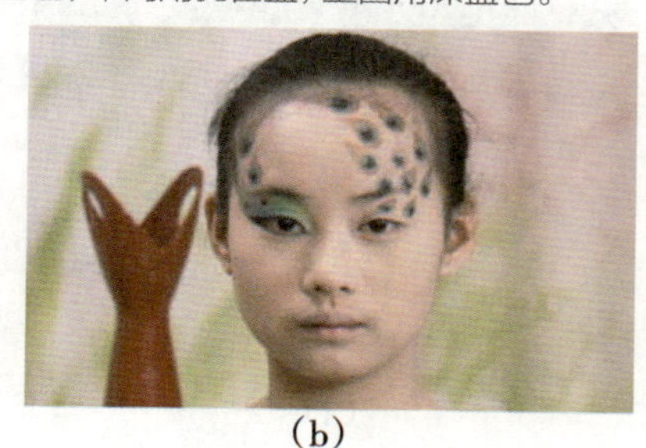

(b)

图3-6-15 图形涂色

(7) 画眉头鼻侧影。

①用眉笔确定从眉头与眼窝之间的结构位置，画出分界线。

②用小号笔刷蘸褐色眼影粉，按照分界线的方向晕染至图形的边缘位置。

③从眉头部位沿着鼻梁的方向向下晕染，逐渐变淡。

提示：鼻梁处涂色不要画得太重。眼窝处可以用眼影粉或眉粉逐渐加深。

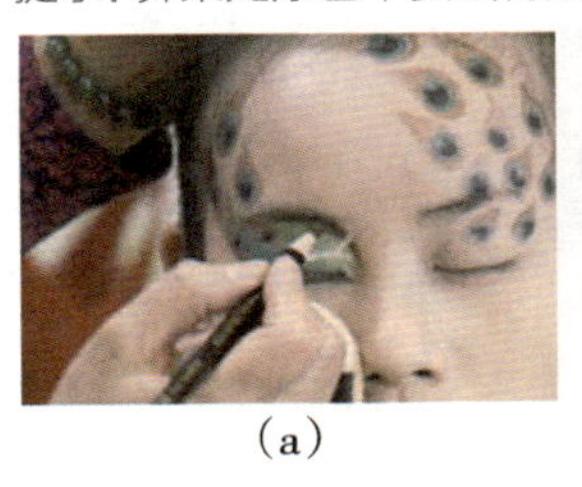
(a)

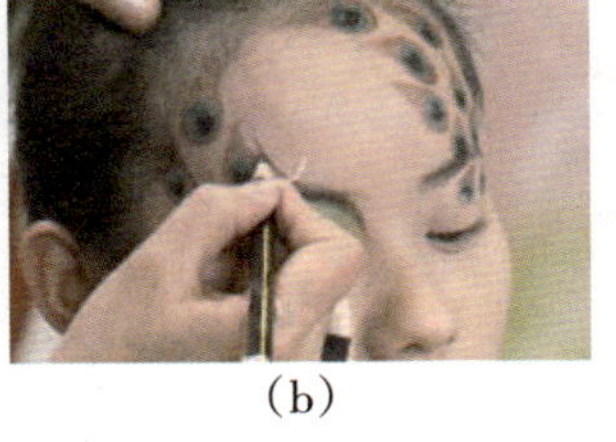
(b)

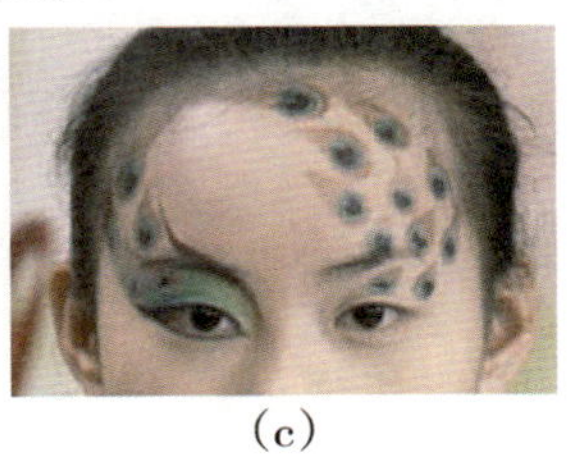
(c)

图3-6-16　画眉头鼻侧影

(8) 描画脸部图形。

①在下眼线一厘米左右部位处用翠绿色眼线笔向耳部方向画出线条，靠近颧骨部位线条之间间隔紧密些，靠近耳部的线条间隔略宽。

②将耳部方向的线条用绿色的眼线笔描重画粗，颧骨部位的线条画细，晕染逐渐变淡。提示：笔要修尖一点，画出三至五条线均可。

(a)

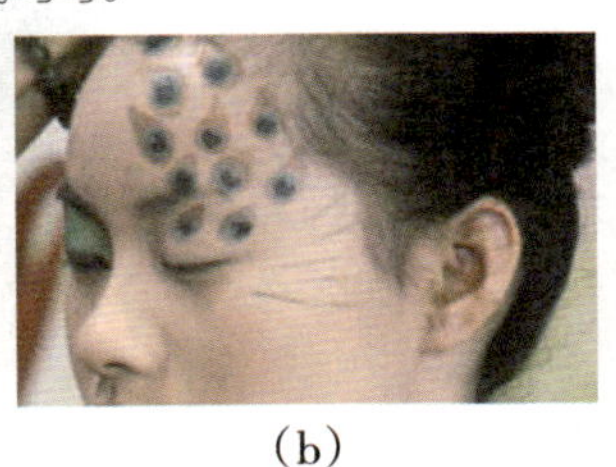
(b)

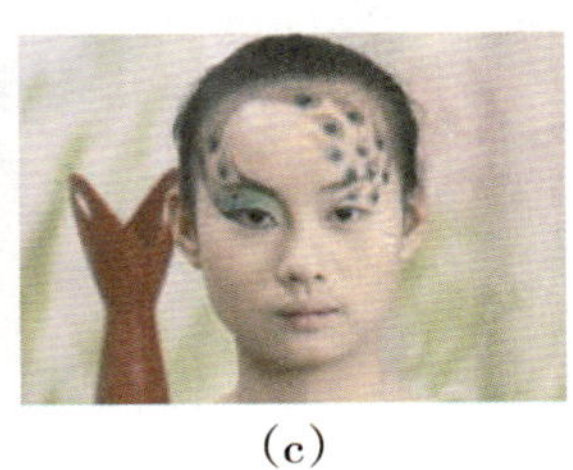
(c)

图3-6-17　描画脸部图形

(9) 面部提亮。

为了突出图形层次及清晰度，用白色眼影粉沿着下眼线弧度在颧骨上缘涂抹提亮。

提示：可以重复涂两次，使妆面提亮效果清晰。

(a)

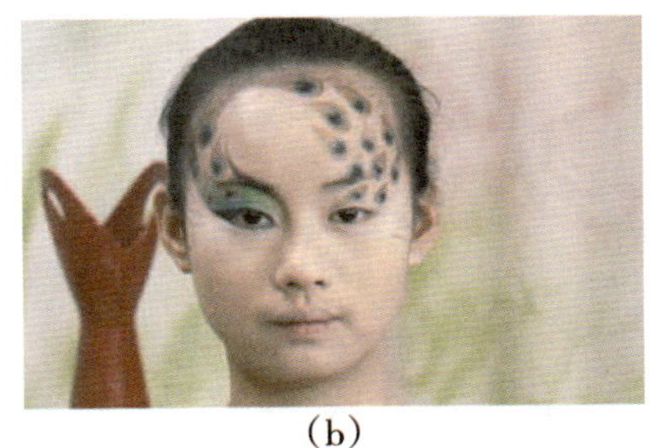
(b)

图3-6-18　面部提亮

（10）脸部图形涂色。

用翠绿色眼影粉在线条的基础线上从中间向两边晕染，耳边方向的线条涂宽些，下眼线方向的线条涂细些，达到线条柔和的效果即可。

提示：中间颜色浓，两边淡一些。

（a）

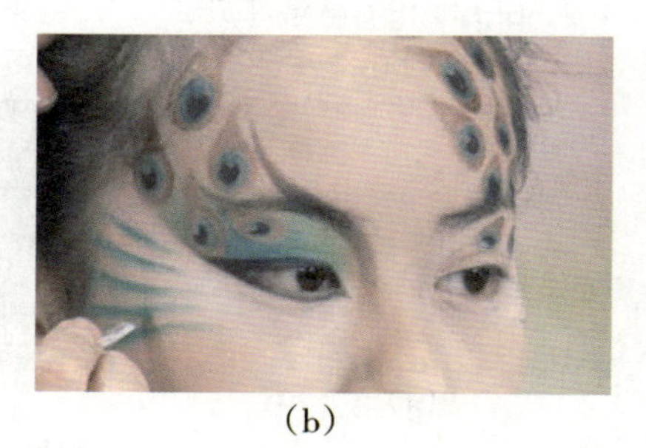

（b）

图3-6-19 脸部图形涂色

（11）打腮红。

用腮红刷蘸橙红色腮红在颧骨侧缘部位涂抹，不要顾及面部的图形，腮红色要均匀柔和。

提示：由于整体色调比较暖，因此，在颜色的选择上，可以选用橙红色腮红，与金色图形搭配协调。

（a）

（b）

图3-6-20 打腮红

（12）粘假眼睫毛。

①完成妆面对称的操作。

②量好假睫毛的长度，将多余的剪掉。

③在睫毛根部涂上睫毛胶，停留10秒钟左右。

④将假睫毛粘在上眼线眼根部位，将其压牢固。

（a）

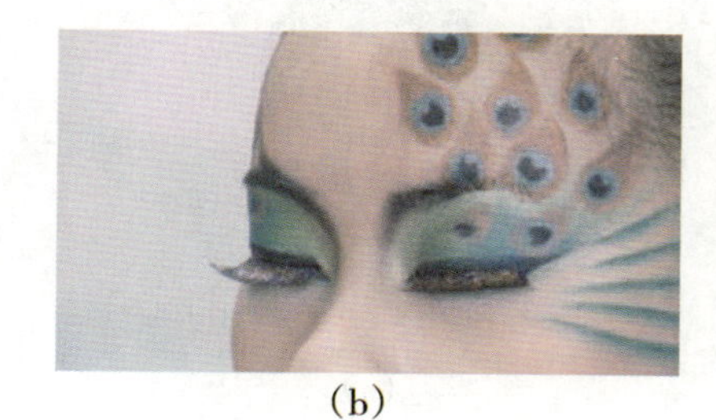

（b）

图3-6-21 粘假眼睫毛

（13）画唇形。

①用大红色唇线笔勾画出唇形。根据模特唇的特点，上唇画薄一些，下唇画厚一些，并画至嘴角根部。

②填唇色选用浅于唇线的唇彩，用唇笔涂抹均匀。

提示：将唇峰两边涂抹对称。

(a)

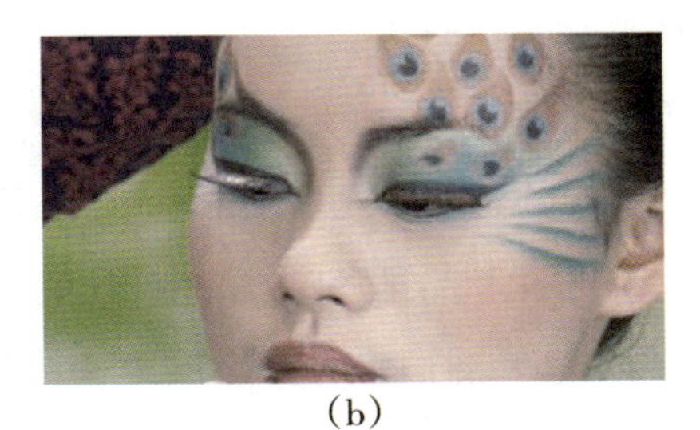

(b)

(c)

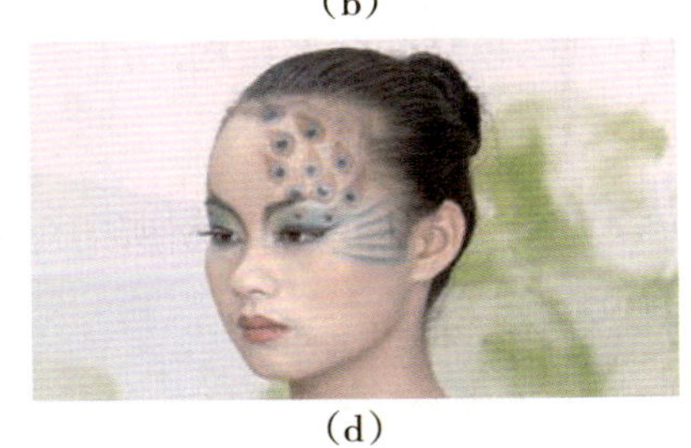

(d)

图3-6-22　画唇形

（14）修饰唇形。

用唇线笔蘸修正粉底膏勾勒唇形。将粉底晕开，与唇边的粉底晕接上。突出唇形的轮廓感。

提示：由于模特的唇形大于勾画的唇线，因此要将嘴画小些。

(a)

(b)

图3-6-23　修饰唇形

（15）整理妆面。

根据妆面效果，查看妆形妆色中不理想、不到位的地方，再稍加补妆。

图3-6-24　整理妆面

三、学生实践

活动方式：孔雀妆妆形实操训练——按照绘制的孔雀妆妆形效果图，完成真人模特的实际操作。

（一）操作之前要做的事

（1）分组：两人一组，其中一人准备用具；另一人清洗面部，擦护肤用品。

（2）将化妆品排放整齐，把设计效果图粘贴在镜子上。

（3）修眉：将眉头修理整齐，眉尾部修理得短些少些。

（4）观察模特的面部结构，分析是否适合所设计的妆形操作。若难度较大，可以对设计的妆形稍加修整。

（5）观察模特的肤色，分析所适合的妆面色调。若模特肤色不适合效果图中的色彩，可以调整色调。

（二）操作中会出现的问题

（1）在面部妆形操作中，图形颜色互相晕色不均匀、不自然。

（2）画眼线时线条描画不流畅、不均匀，夸张的眼形不美观。

（3）妆面中孔雀妆图形不美观，主题色不突出、不明确。布局排列松散，疏密不当。

（4）眉头与鼻侧影衔接虚实不自然，图形位置与面部结构不吻合。

（5）眼线的内外眼角虚实处理不整齐。

（三）操作中要注意的事项

（1）画眼线时一定要将眼线笔修尖修好，或者用最小号的勾线笔使用眼线膏完成。

（2）孔雀妆中眉毛位置有图形，在设计中一般不画常见的标准眉形，甚至不需要画眉毛，但要将眼窝、鼻梁自然衔接。

（3）打腮红或轮廓色的浓淡和位置要根据脸形及妆形要求完成。

（4）在孔雀妆操作中，眼形会拉长夸张，眼影的范围既要美观，又要符合眼部骨骼结构。

（5）画眼形时要注意用眼线笔尖压在眼睫毛根的部位描画，描画时手要稳。

（6）描画眼线时注意眼线笔不要画到眼睛里。

我在操作中遇到的问题是：______________________________。

我感觉自己画的妆形优点是：______________________________。

我感觉自己画的妆形不足的是：______。

（四）检测评价

本项目的学习已经完成，根据作品的完成效果，检验所学知识的掌握情况。孔雀妆妆形实操训练检测评价表如表3-6-2所示，请在相应的位置画"√"，将理解正确的内容写在相应的位置。

表3-6-2 孔雀妆妆形实操训练检测评价表

评价内容	评价标准			评价等级
	A（优秀）	B（良好）	C（及格）	
准备工作	工作区域干净整齐，工具齐全，码放整齐，仪器设备安装正确，个人卫生仪表符合工作要求	工作区域干净整齐，工具齐全，码放比较整齐，仪器设备安装正确，个人卫生仪表符合工作要求	工作区域比较干净整齐，工具不齐全，码放不够整齐，仪器设备安装正确，个人卫生仪表符合工作要求	A B C
操作步骤	能够独立对照操作标准，使用准确的技法，按照规范的操作步骤完成实际操作	能够在同伴的协助下对照操作标准，使用比较准确的技法，按照比较规范的操作步骤完成实际操作	能够在老师的指导帮助下，对照操作标准，使用比较准确的技法，按照比较规范的操作步骤完成实际操作	A B C
操作时间	规定时间内完成项目	规定时间内在同伴的协助下完成项目	规定时间内在老师的帮助下完成项目	A B C
操作标准	能够独立地将孔雀图形的特征表现得明确，结构正确	能够在同伴的协助下将孔雀图形的特征表现得比较明确，结构比较正确	能够在老师的帮助下将孔雀图形的特征表现得比较明确，结构不够正确	A B C
	能够独立完成孔雀妆中色彩的搭配，操作中涂色精致、和谐、有层次	能够在同伴的协助下完成孔雀妆中色彩的搭配，操作中涂色比较细致、和谐	能够在老师的帮助下完成孔雀妆中色彩的搭配，操作中涂色不够细致、和谐	A B C
操作标准	妆容基本能符合设计效果图的要求	妆容勉强符合设计效果图的要求	妆容不符合设计效果图的要求	A B C

续表

评价内容	评价标准			评价等级
	A（优秀）	B（良好）	C（及格）	
操作标准	能够独立地将孔雀图形与眼形、眉形结构装饰得很协调，色彩应用得当	能够在同伴的协助下将孔雀图形与眼形、眉形结构装饰得比较协调，色彩应用比较得当	能够在老师的帮助下将孔雀图形与眼形、眉形结构装饰得比较协调，色彩应用不够得当	A B C
	妆面干净，用色搭配协调、自然	妆面比较干净，用色搭配比较协调	妆面不干净，用色搭配不协调	A B C
整理工作	工作区域干净整洁、无死角，工具仪器消毒到位，收放整齐	工作区域干净整洁，工具仪器消毒到位，收放整齐	工作区域较凌乱，工具仪器消毒到位，收放不整齐	A B C
学生反思				

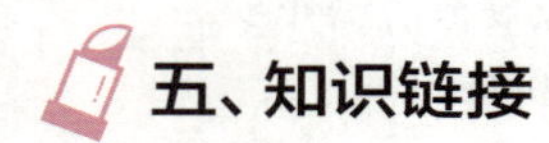

五、知识链接

艺术创作中的灵感——灵感的实质

（一）从发展过程上看，灵感的获得是“长期积累，偶然得之”

灵感往往匆匆而来，匆匆而去，但是不要以为灵感来得如此轻松。在它到来之时，有着漫长、艰辛的积累和沉思。灵感来临的一瞬间只是长期积累的一种突破。在此之前，你可能苦苦积累，冥想苦想，上下求索，但却是百思不得其解。正当你感到“山重水复疑无路”的那一刻，灵感忽然而至，顿时获得“柳暗花明又一村”的豁然开朗的境界。因此，灵感的获得绝不是大喊一声“上帝呀，赐我力量”，灵感就能注入你的身体，而需要长期的积累、艰辛的探寻。

对此，德国著名的美学家黑格尔在《诗学》中有一段很好的论述，他说：“单凭心血来潮并不济事，香槟酒产生不出诗来。”懒汉尽管朝朝暮暮躺在草地上，让微风吹来，望着天空，他就是躺一个月，温柔的灵感也始终不会光顾他。所以说，灵感不会光顾懒汉，灵感是对艰苦劳动的奖赏。没有“众里寻他千百度”“踏破铁鞋无觅处”的艰辛和迷惘，就不会有“得来全不费功夫”的灵感出现。

(二) 从思维形式上看，灵感是意识和潜意识相互作用的结果

灵感出现之前，人们对某一艺术问题有着长时间的观察、学习、思考，并把这些信息或深或浅地储存起来。这些信息有的活跃在显意识层里，有的沉积于潜意识层里，即在大脑皮层留下了“痕迹”，形成“潜知”。这些“潜知”或“痕迹”深藏于人的潜意识中。在人们对某一个问题长期思索而不得其解时，有意识的思考终止，而潜意识的认知活动却仍然继续进行着。当人们处于高度放松的时候，这时有意识的认知活动较少，旧有的思维模式最容易被破坏。在某一刺激的引发下，大脑会瞬间跳出旧有的思维模式，使长期沉积在潜意识里的“潜知”或“痕迹”与要解决的问题瞬间沟通，灵感也就出现了。灵感思维的本质是顿悟，就是对问题的突然领悟，它是艰苦的心智劳动的结果。

(三) 从生理基础上看，灵感是脑神经回路的突然接通

现代脑科学方法对灵感发生的研究取得了新的进展。美国著名神经心理学家斯佩里等人通过对大脑的裂脑进行研究，提出了一些崭新的观点：大脑神经回路说。此学说认为，人的大脑中有一千亿个神经元，每个神经元又与3万个神经元互相联系，大脑中有1014~1016个结点，形成了极大数量的神经回路，每一个回路可能与某一个思维内容相对应。因此，人的思维容量极大，各种思维方式可能与神经回路的构成方式有关，有的回路是收敛的，有的回路是发散的，有的回路之间会突然接通，从而就产生了灵感。

六、专题实训

(一) 个案分析

1. 描述

学生在图形妆面的操作过程中，经常会出现以下两种问题：

(1) 只注重图形刻画，整体妆面过于鲜艳，图形轮廓非常清楚，让人感觉妆面图形过于抢眼，眼妆反而不细致，面部立体结构不突出。

(2) 图形晕色边缘不整齐、不均匀。

学生分组讨论，在审美方面，如何利用化妆手法避免发生这些情况？

办法一：______________________________。

办法二：______________________________。

2. 分析与解决

彩绘创意化妆是强调妆面个性、让人产生美感的化妆，主要是化妆，而不是画画。在妆面画的图形是为了美化妆面、衬托眼睛的。面部眼睛的传神、肤色的靓丽、结构的清晰，是美化妆容妆貌的条件。因此，面部的图形不宜画得过于抢眼，要有虚有实，有强调的地方，但也有淡化的部位。

（二）专题活动

学生参加时装周活动，注意观察时尚活动中模特有图形的妆面是用什么样的方法完成的。分析后请回答以下问题：

（1）在操作技法上使用的是哪种工具？

（2）使用的是哪种操作技法？

（三）实践记录

请将你在本单元学习期间参加的各项专业实践活动情况记录在表3-6-3中。

表3-6-3 图形妆面实际操作课外实训记录表

服务对象	时间	工作场所	工作内容	服务对象反馈